♬ Sing Sing ♪

노래와 함께 배우는

엄마표 또또 한글3

Sing Sing 노래와 함께 배우는
엄마표 또또 한글 3

초판 1쇄 발행일 2023년 9월 25일

지은이 권선홍
펴낸이 유성권

편집장 양선우
기획 정지현 책임편집 윤경선 편집 신혜진
홍보 윤소담 박채원 디자인 박정실
마케팅 김선우 강성 최성환 박혜민 심예찬
제작 장재균 물류 김성훈 강동훈

펴낸곳 ㈜이퍼블릭
출판등록 1970년 7월 28일, 제1-170호
주소 서울시 양천구 목동서로 211 범문빌딩 (07995)
대표전화 02-2653-5131 | 팩스 02-2653-2455
메일 loginbook@epublic.co.kr
포스트 post.naver.com/epubliclogin
홈페이지 www.loginbook.com
인스타그램 @book_login

♬ Sing Sing ♪

노래와 함께 배우는

엄마표 또또 한글3

서 문

《엄마표 또또 한글》 3권은 아이들에게 친숙한 단어를 학습하는 책입니다. 한글을 조금씩 읽고 쓸 수 있는 학생들이 단어 수준의 글자를 익혀 간단한 받아쓰기까지 할 수 있도록 구성했습니다. 단어 스도쿠, 빙고 놀이, 다른 그림 찾기 등 흥미진진한 활동을 통해 아이들이 한글을 즐겁게 익히게 해 주세요.

일상생활 속 단어를 통해 한글을 익혀 보세요

아이들의 한글 실력을 정착시키기 위해 일상생활 어휘를 정리하여 학습 내용으로 구성하였습니다. 평소 사용하던 말들을 익히기 때문에 실생활에 도움이 되고, 좀 더 쉽게 한글을 익힐 수 있습니다. '오이, 모자' 같이 쉬운 단어부터 '텔레비전, 볶음밥' 같이 헷갈리는 단어까지 180개의 단어를 익히며 한글 활용 능력을 향상시켜 보세요. 한글 활용 능력이 정착되면 동화책 읽기, 일기 쓰기, 학습지 등의 활동을 능숙하게 할 수 있습니다.

다양한 활동을 통해 단계적으로 공부해요

숨은 글자 찾기, 빙고 게임 등의 시각적인 학습 활동과 빈칸 채우기, 단어 스도쿠 등의 활동을 단계적으로 배치하여 아이들의 읽기 쓰기 능력을 골고루 발달시킬 수 있도록 하였습니다. 쓰기 활동은 단순히 따라 쓰는 활동에서 벗어나 스도쿠 문제를 해결하며 쓰기, 암호를 해독하여 쓰기 등 생각을 키워주는 창의적인 활동으로 구성하였습니다. 이런 활동을 통해 아이들은 자연스럽게 한글 철자를 익히고 활용하게 될 것입니다.

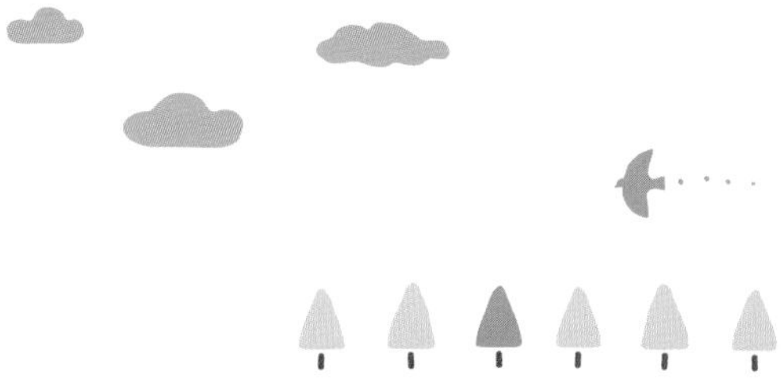

각 장의 마지막에는 서로 다른 그림 찾기 활동이 제시되어 있어 배운 내용을 재미있게 복습할 수 있습니다. 같은 듯 다른 그림을 찾는 과정에서 한글에 대한 흥미가 더해집니다.

한글 퀴즈송과 함께 한글을 익혀요

학습한 어휘를 바탕으로 챈트 영상을 제작했습니다. 신나는 음악에 맞추어 나타나는 단어들을 큰소리로 읽어 보세요. 예습이나 복습할 때 활용하면 더욱 좋습니다. 책에 표시된 큐알 코드를 통해 한글 읽기 챈트 영상을 볼 수 있습니다.

부모님과 함께하면 더 효과적이에요

또또 한글은 부모님과 아이들이 함께 공부하는 교재입니다. 부모님께서 책의 다양한 활동들을 파악하고 쉽게 아이를 지도할 수 있도록 내용을 구성하였습니다. 첫 부분의 '읽고 따라 쓰기 활동'부터 '다른 그림 찾기'까지 아이와 함께 활동하고 격려해 주신다면 학습 효과가 배가될 것입니다.

이 책을 통해 우리 아이들의 한글 활용 능력이 향상되어 독서, 글쓰기, 받아쓰기 등 다양한 활동을 하는 데 도움이 되기를 바랍니다.

권 선 홍

차 례

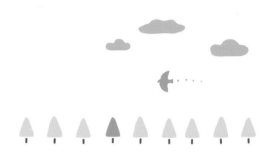

가족 12
아빠 엄마 누나
형 언니 오빠
동생 할머니 할아버지

몸 18
손 발 눈
코 귀 입
머리 어깨 무릎

집 24
창문 소파 침대
옷장 책상 의자
거실 부엌 화장실

생활용품 30
선풍기 토스터 에어컨
냉장고 세탁기 청소기
컴퓨터 스마트폰 텔레비전

의복 36
한복 바지 치마
양말 모자 신발
장갑 점퍼 티셔츠

놀이용품 42
풀 가위 인형
장난감 동화책 색종이
색연필 크레파스 스케치북

과일 48
포도 딸기 사과
수박 참외 키위
복숭아 바나나 오렌지

채소 54
오이 당근 배추
감자 버섯 양파
마늘 고구마 옥수수

간식 60
우유 주스 피자
과자 아이스크림 도넛
떡볶이 솜사탕 케이크

음식

카레 김밥 치킨
볶음밥 짜장면 불고기
돈가스 계란찜 스파게티

66

놀이터

시소 그네 정글짐
자전거 미끄럼틀 소꿉놀이
술래잡기 숨바꼭질 모래놀이

74

직업

가수 의사 농부
배우 과학자 경찰관
소방관 요리사 운동선수

80

장소

학교 병원 약국
도서관 수영장 박물관
유치원 놀이공원 슈퍼마켓

86

교통수단

배 버스 트럭
택시 기차 비행기
경찰차 소방차 구급차

92

동물

소 닭 돼지
토끼 사슴 오리
다람쥐 강아지 고양이

98

동물원

곰 펭귄 낙타
사자 하마 기린
코끼리 원숭이 호랑이

104

곤충

개미 나비 꿀벌
매미 잠자리 메뚜기
사마귀 무당벌레 사슴벌레

110

바다생물

고래 거북 새우
문어 상어 조개
오징어 해파리 불가사리

116

새

공작 참새 타조
독수리 부엉이 까마귀
앵무새 비둘기 갈매기

122

자연

봄 여름 가을
겨울 바다 하늘
바람 구름 무지개

128

다른 그림 찾기 정답
134

이 책을 활용하는 법

1단계 살펴보기

기본 어휘 따라 쓰기

획순에 맞게 글자를 따라 써 보세요.

숨은 글자 찾기

빈칸 채우기

2단계 활동하기

헷갈리는 맞춤법 구분하기

스도쿠 게임하기

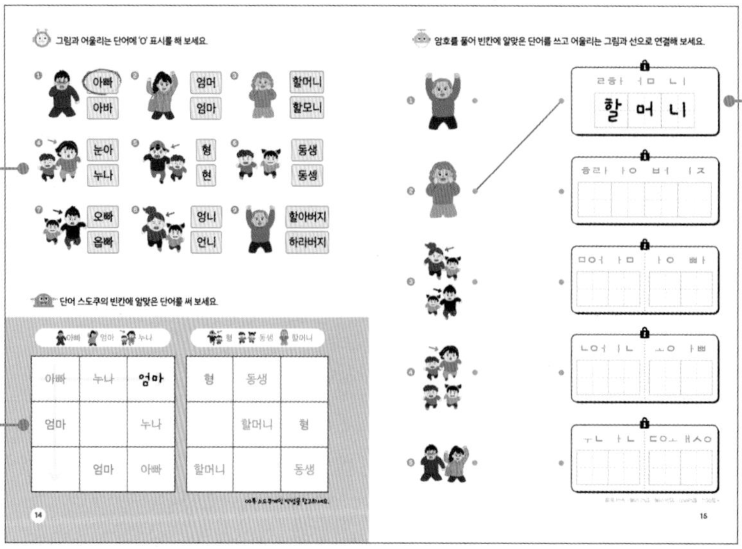

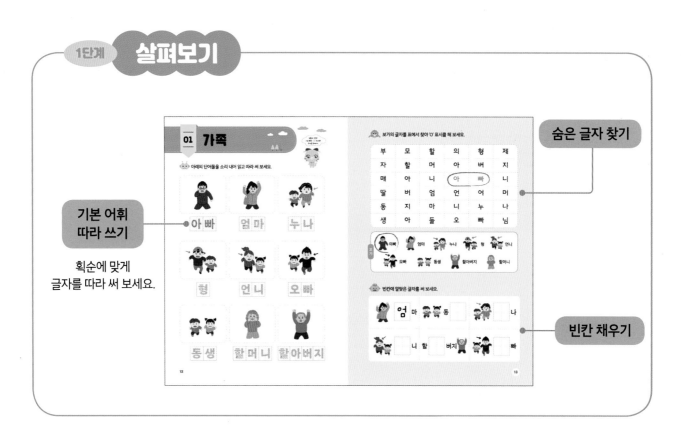

기본 어휘 암호 풀기

3단계 정리하기

빙고 게임 즐기기

서로 마주 보고
빙고 게임을 해 보세요.

받아쓰기

서로 다른 그림 찾기

다른 그림을 찾으며
배운 어휘를
복습해 보세요.

스도쿠

아빠 엄마 누나

아빠	누나	엄마
엄마	아빠	누나
누나	엄마	아빠

- 가로줄 3칸, 세로줄 3칸에 각각 제시된 세 개의 단어가 겹치지 않게 들어가야 합니다.
- 대각선은 상관없어요.
- 스도쿠 놀이를 하며 배운 내용을 복습해 보세요.

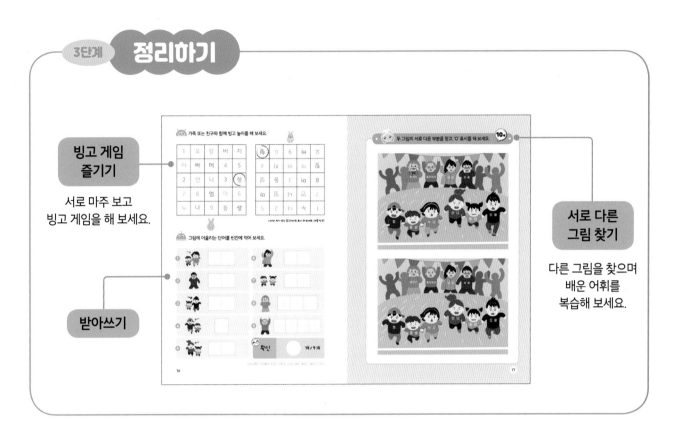

ㅅ ㅏ ㄱ ㅗ ㅏ
ㅍ ㅗ ㄷ ㅗ

Sing Sing

1장

01 가족

얘들아, 안녕?
나와 함께 '가족'에 대한
단어를 알아보자.

아래의 단어들을 소리 내어 읽고 따라 써 보세요.

아빠

엄마

누나

형

언니

오빠

동생

할머니

할아버지

보기의 글자를 표에서 찾아 'O' 표시를 해 보세요.

부	모	할	의	형	제
자	할	머	아	버	지
매	아	니	아	빠	니
딸	버	엄	언	어	머
동	지	마	니	누	나
생	아	들	오	빠	님

빈칸에 알맞은 글자를 써 보세요.

그림과 어울리는 단어에 'O' 표시를 해 보세요.

1 

아빠 / 아바

2 

엄머 / 엄마

3 

할머니 / 할모니

4 

눈아 / 누나

5 

형 / 현

6 

동생 / 동셍

7 

오빠 / 옵빠

8 

엉니 / 언니

9 

할아버지 / 하라버지

단어 스도쿠의 빈칸에 알맞은 단어를 써 보세요.

아빠 엄마 누나

아빠	누나	엄마
엄마		누나
	엄마	아빠

형 동생 할머니

형	동생	
	할머니	형
할머니		동생

09쪽 스도쿠 게임 방법을 참고하세요.

암호를 풀어 빈칸에 알맞은 단어를 쓰고 어울리는 그림과 선으로 연결해 보세요.

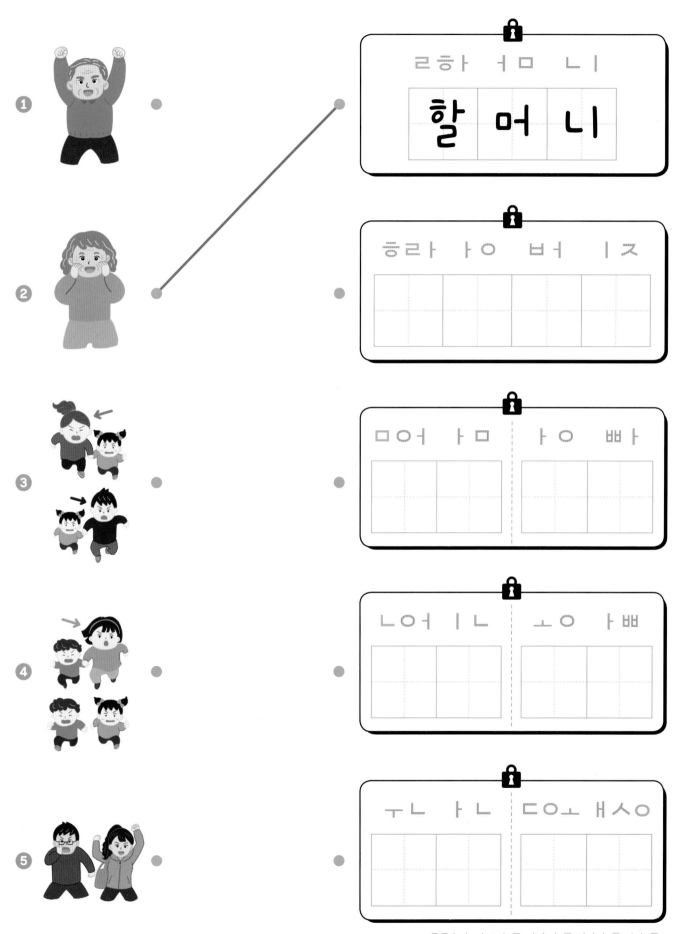

1 

ㄹㅎㅏ ㅓㅁ ㄴㅣ

할 머 니

2 

ㅎㄹㅏ ㅏㅇ ㅂㅓ ㅣㅈ

3 

ㅁㅇㅓ ㅏㅁ ㅏㅇ ㅃㅏ

4 

ㄴㅇㅓ ㅣㄴ ㅗㅇ ㅏㅃ

5 

ㅜㄴ ㅏㄴ ㄷㅇㅗ ㅐㅅㅇ

* 할머니 - 할아버지 - 엄마 아빠 - 언니 오빠 - 누나 동생

가족 또는 친구와 함께 빙고 놀이를 해 보세요.

1	오	할	버	지
아	빠	머	4	5
2	언	니	3	형
7	8	엄	마	6
누	나	9	동	생

1	누	나	2	5
7	언	니	엄	마
8	머	3	동	생
할	오	버	지	4
아	빠	6	9	형

＊따라 쓰기 또는 동그라미로 표시해 보세요. (4줄 빙고)

그림에 어울리는 단어를 빈칸에 적어 보세요.

1 

2 

3 

4 

5 

6 

7 

8 

9 

참! 잘했어요

확인 개 / 9개

1. 누나 2. 아빠 3. 오빠 4. 형 5. 언니 6. 엄마 7. 동생 8. 할머니 9. 할아버지

두 그림의 서로 다른 부분을 찾고, 'O' 표시를 해 보세요. 10개

02 몸

얘들아, 안녕?
나와 함께 '몸'에 대한
단어를 알아보자.

아래의 단어들을 소리 내어 읽고 따라 써 보세요.

손

발

눈

코

귀

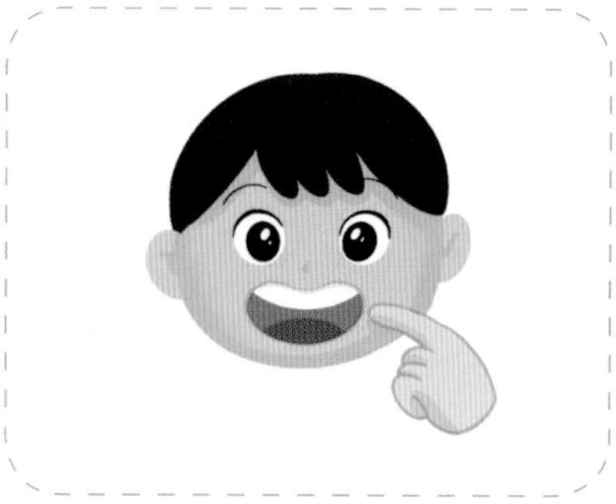

입

머리

어깨

무릎

보기의 글자를 표에서 찾아 'O' 표시를 해 보세요.

목	이	마	발	허	입
배	머	엉	팔	리	다
꼽	리	덩	꿈	귀	리
손	보	이	치	어	깨
등	조	무	릎	수	염
눈	개	콧	구	멍	코

보기

빈칸에 알맞은 글자를 써 보세요.

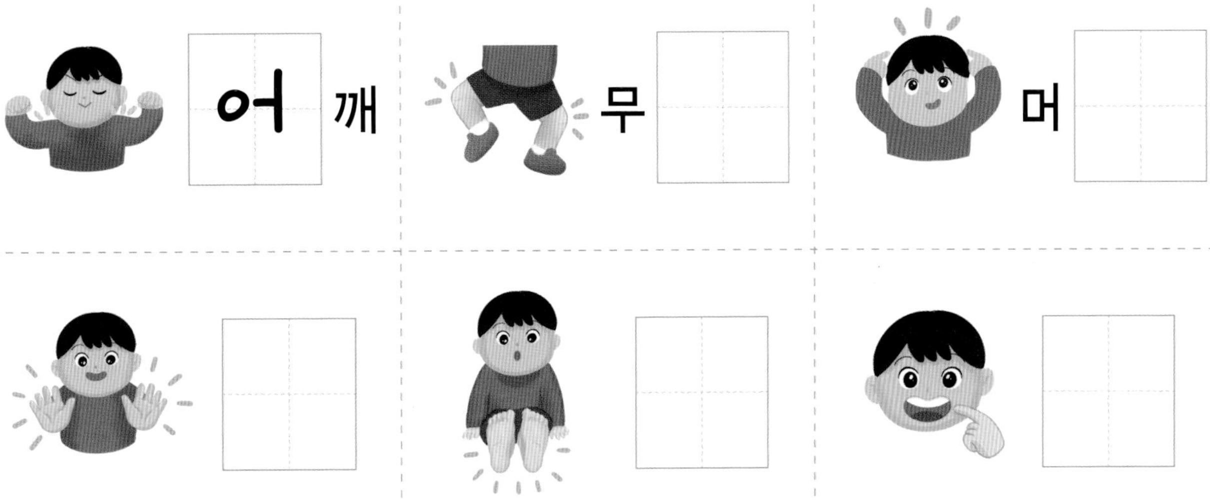

그림과 어울리는 단어에 'O' 표시를 해 보세요.

1 
어깨 / 어개

2 
멀이 / 머리

3 
발 / 밭

4 
무릅 / 무릎

5 
손 / 솜

6 
귀 / 기

7 
코 / 커

8 
눈 / 눔

9 
잎 / 입

단어 스도쿠의 빈칸에 알맞은 단어를 써 보세요.

머리 어깨 무릎

머리		어깨
무릎	어깨	
	머리	무릎

코 귀 입

		귀
코		입
귀	입	코

09쪽 스도쿠 게임 방법을 참고하세요.

암호를 풀어 빈칸에 알맞은 단어를 쓰고 어울리는 그림과 선으로 연결해 보세요.

① 

② 

③ 

④ 

⑤ 

ㅜㅁ ㅍㄹㅡ

ㄱㅜㅣ | ㄴㅜㄴ

ㅂㄹㅏ | ㅗㅋ

ㅓㅇ ㅐㄲ | ㄴㅅㅗ

ㅓㅁ ㅣㄹ | ㅂㅣㅇ

* 무릎 - 귀 눈 - 발 코 - 어깨 손 - 머리 입

가족 또는 친구와 함께 빙고 놀이를 해 보세요.

머	리	1	손	7
5	어	6	11	입
코	깨	무	릎	12
4	8	귀	10	3
눈	9	2	발	13

1	무	릎	9	귀
코	2	손	5	12
11	머	리	어	깨
4	3	발	10	6
눈	7	13	8	입

* 따라 쓰기 또는 동그라미로 표시해 보세요. (4줄 빙고)

그림에 어울리는 단어를 빈칸에 적어 보세요.

1 

2 

3 

4 

5 

6 

7 

8 

9 

확인 개 / 9개

1. 코 2. 눈 3. 귀 4. 입 5. 손 6. 발 7. 머리 8. 어깨 9. 무릎

두 그림의 서로 다른 부분을 찾고, 'O' 표시를 해 보세요. 9개

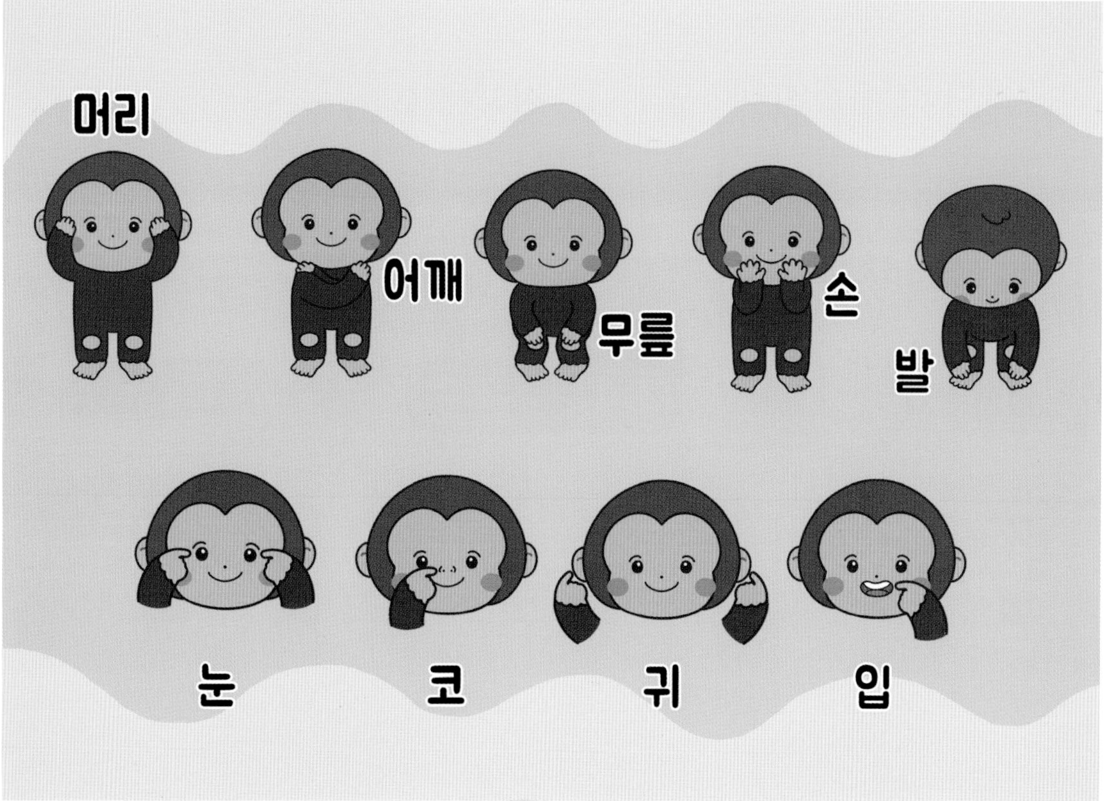

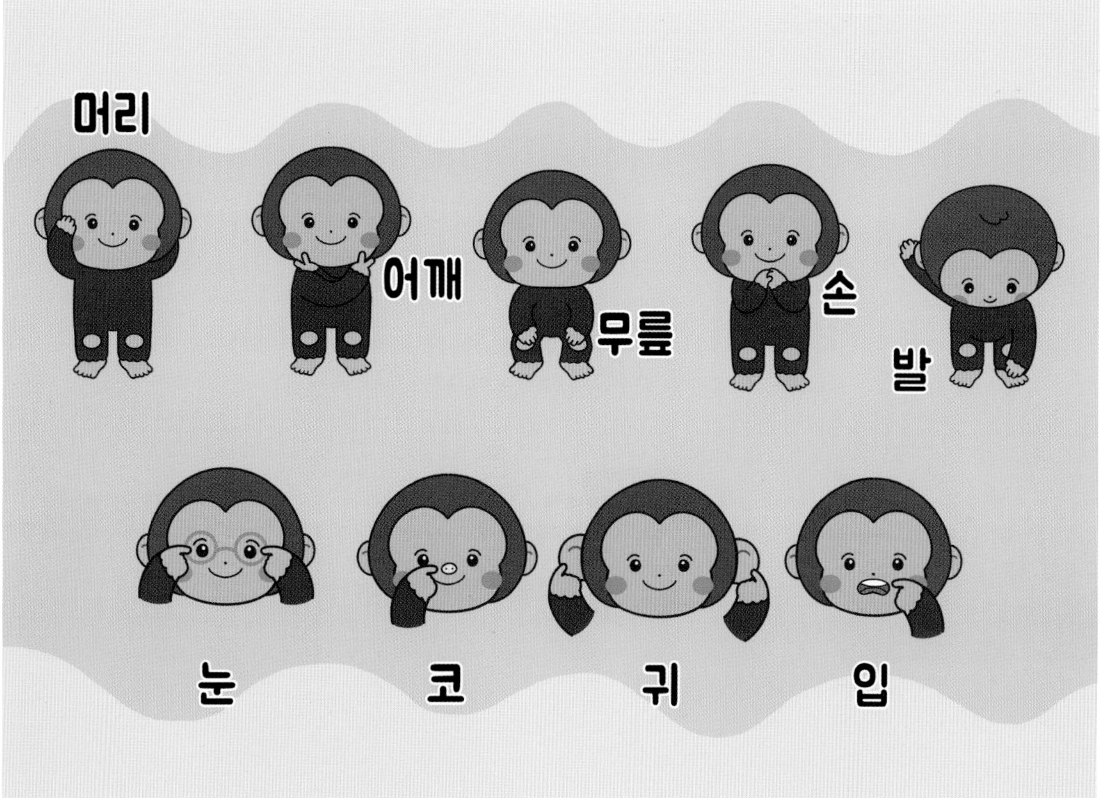

03 집

애들아, 안녕?
나와 함께 '집'에 대한
단어를 알아보자.

아래의 단어들을 소리 내어 읽고 따라 써 보세요.

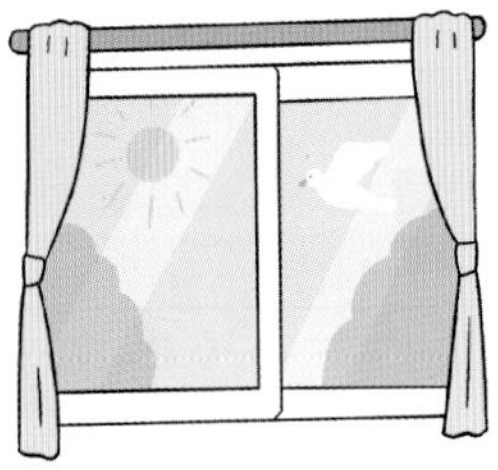

창문

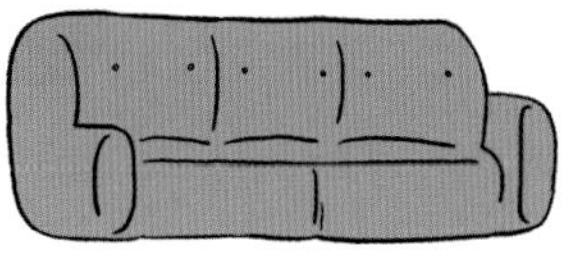

소파

침대

옷장

책상

의자

거실

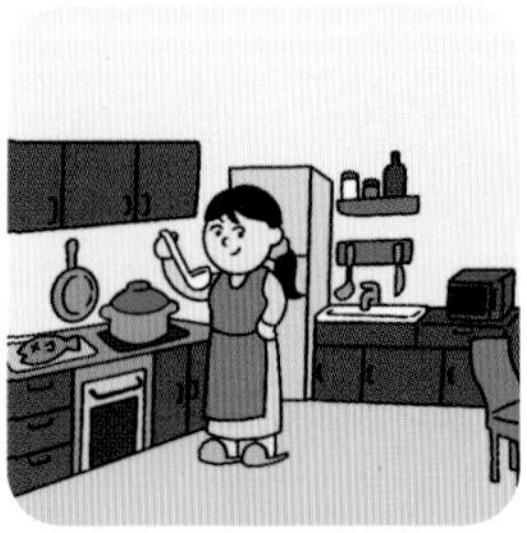

부엌

화장실

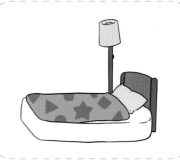

보기의 글자를 표에서 찾아 'O' 표시를 해 보세요.

천	장	창	문	소	문
의	자	바	닥	계	파
벽	화	책	정	침	단
옷	장	상	원	대	거
마	실	밖	부	현	실
당	울	타	리	억	관

보기

부엌

거실

옷장

화장실

창문

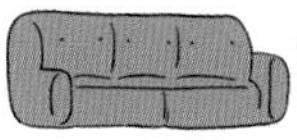
소파

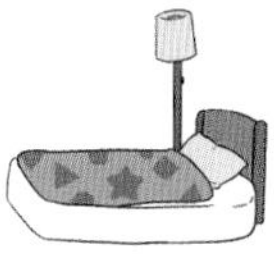
침대

책상

의자

빈칸에 알맞은 글자를 써 보세요.

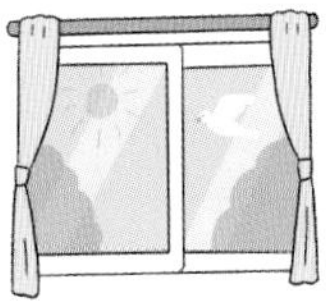
창 문

☐ 자

책 ☐

부 ☐

☐ 대

옷 ☐

그림과 어울리는 단어에 'O' 표시를 해 보세요.

1 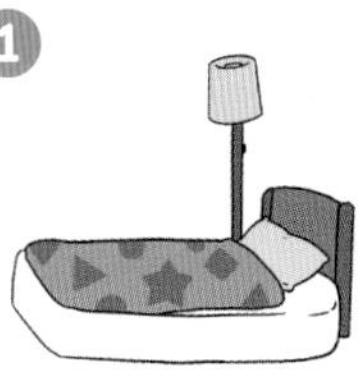 침데 / 침대

2 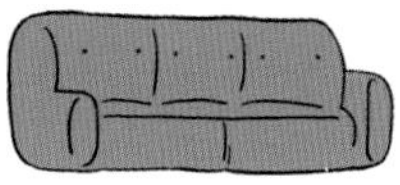 소파 / 쏘파

3  옷장 / 옷짱

4 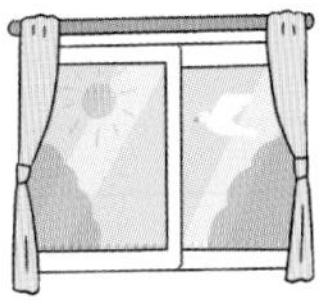 장문 / 창문

5  첵상 / 책상

6  부엉 / 부엌

7  거실 / 거싣

8  하장실 / 화장실

9  의자 / 으자

단어 스도쿠의 빈칸에 알맞은 단어를 써 보세요.

 부엌  화장실  거실

	부엌	화장실
부엌		거실
화장실	거실	

 옷장  책상  의자

옷장	의자	책상
	책상	
	옷장	의자

09쪽 스도쿠 게임 방법을 참고하세요.

암호를 풀어 빈칸에 알맞은 단어를 쓰고 어울리는 그림과 선으로 연결해 보세요.

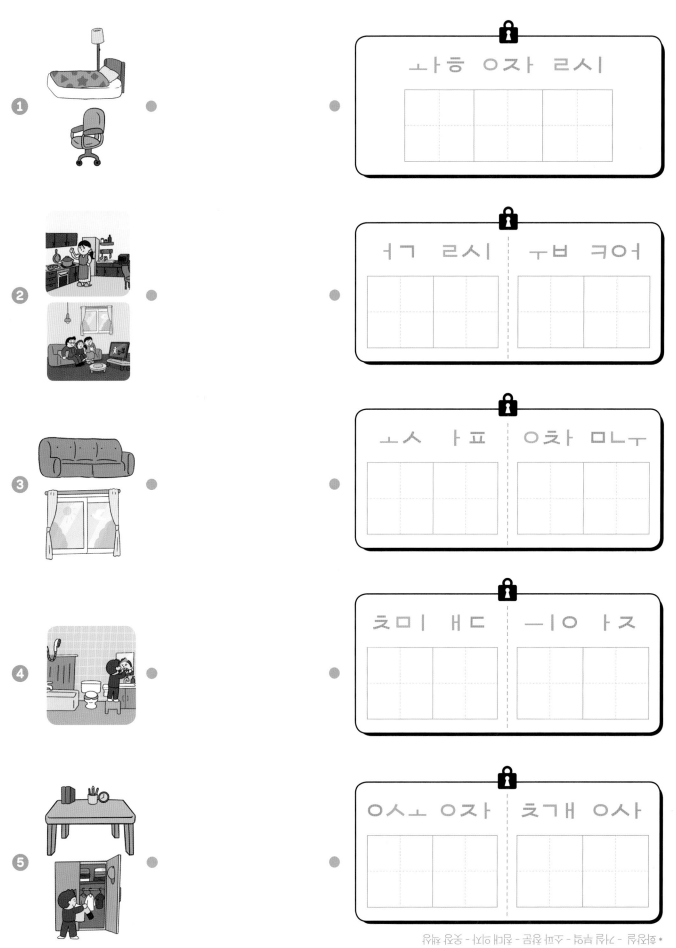

1 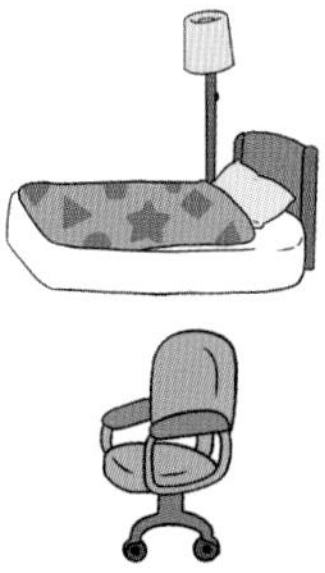

ㅗㅏㅎ ㅇㅈㅏ ㄹㅅㅣ

2 

ㅓㄱ ㄹㅅㅣ | ㅜㅂ ㅋㅇㅓ

3 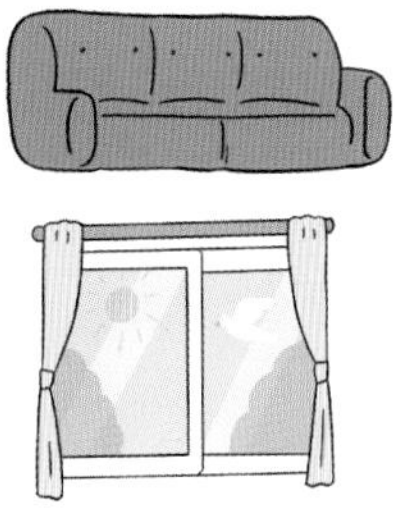

ㅗㅅ ㅏㅍ | ㅇㅊㅏ ㅁㄴㅜ

4 

ㅊㅁㅣ ㅐㄷ | ㅡㅣㅇ ㅏㅈ

5 

ㅇㅅㅗ ㅇㅈㅏ | ㅊㄱㅐ ㅇㅅㅏ

* 화장실 - 거실 부엌 - 소파 창문 - 침대 의자 - 옷장 책상

가족 또는 친구와 함께 빙고 놀이를 해 보세요.

1	2	옷	거	4
6	화	장	실	8
책	3	5	소	파
상	창	문	침	대
부	엌	7	의	자

소	옷	화	3	6
1	파	장	책	8
4	거	실	2	상
창	문	7	부	엌
의	자	침	대	5

*따라 쓰기 또는 동그라미로 표시해 보세요. (4줄 빙고)

그림에 어울리는 단어를 빈칸에 적어 보세요.

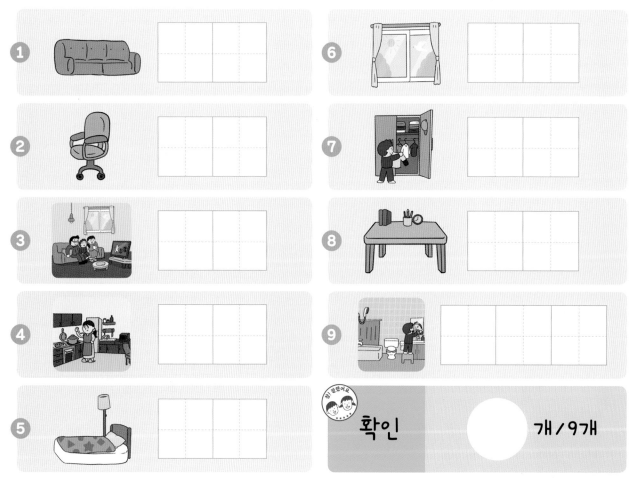

1 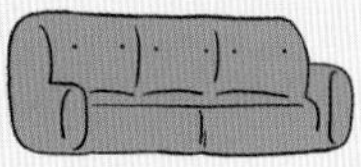

2 

3 

4 

5 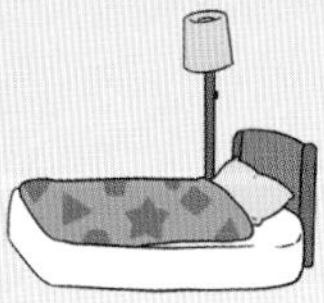

6 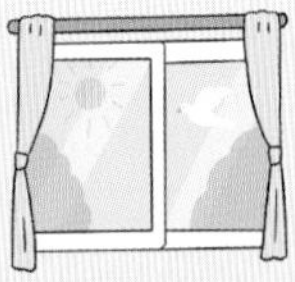

7 

8 

9 

참! 잘했어요 확인 개 / 9개

1. 소파 2. 의자 3. 거실 4. 부엌 5. 침대 6. 창문 7. 옷장 8. 책상 9. 화장실

두 그림의 서로 다른 부분을 찾고, 'O' 표시를 해 보세요. 9개

04 생활용품

얘들아, 안녕?
나와 함께 '생활용품'에 대한
단어를 알아보자.

아래의 단어들을 소리 내어 읽고 따라 써 보세요.

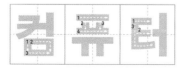

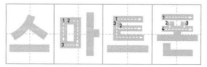

냉장고

세탁기

청소기

선풍기

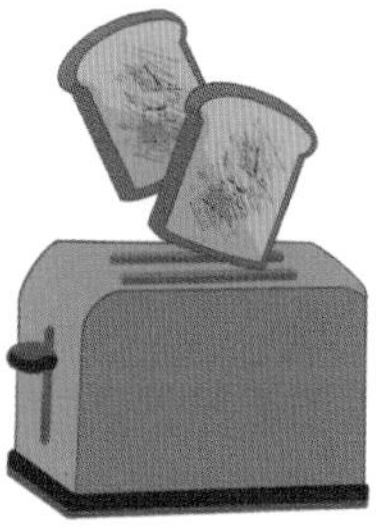

토스터

에어컨

컴퓨터

스마트폰

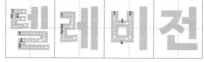

텔레비전

보기의 글자를 표에서 찾아 'O' 표시를 해 보세요.

컴	스	텔	레	비	전
퓨	마	냉	장	고	청
터	트	에	어	컨	소
전	폰	계	세	탁	기
화	시	선	풍	기	전
토	스	터	정	수	기

보기

 스마트폰  텔레비전  컴퓨터  냉장고

 세탁기  청소기  토스터  선풍기  에어컨

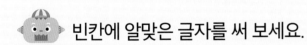

빈칸에 알맞은 글자를 써 보세요.

 ☐ 장고

 세 ☐ 기

 ☐ 어컨

 ☐ 퓨터

 스마트 ☐

 ☐ 레비전

그림과 어울리는 단어에 'O' 표시를 해 보세요.

❶ 

컴퓨터

컴퓨러

❷ 

냉장고

넹장고

❸ 

세탁끼

세탁기

❹ 

스마트폰

슴아트폰

❺ 

텔레비젼

텔레비전

❻ 

청소기

천소기

❼ 

선푼기

선풍기

❽ 

토스터

토슷터

❾ 

에어컨

애어컨

단어 스도쿠의 빈칸에 알맞은 단어를 써 보세요.

컴퓨터 냉장고 세탁기

세탁기		컴퓨터
냉장고	컴퓨터	
	세탁기	냉장고

에어컨 선풍기 토스터

에어컨	선풍기	
	토스터	에어컨
토스터		선풍기

09쪽 스도쿠 게임 방법을 참고하세요.

암호를 풀어 빈칸에 알맞은 단어를 쓰고 어울리는 그림과 선으로 연결해 보세요.

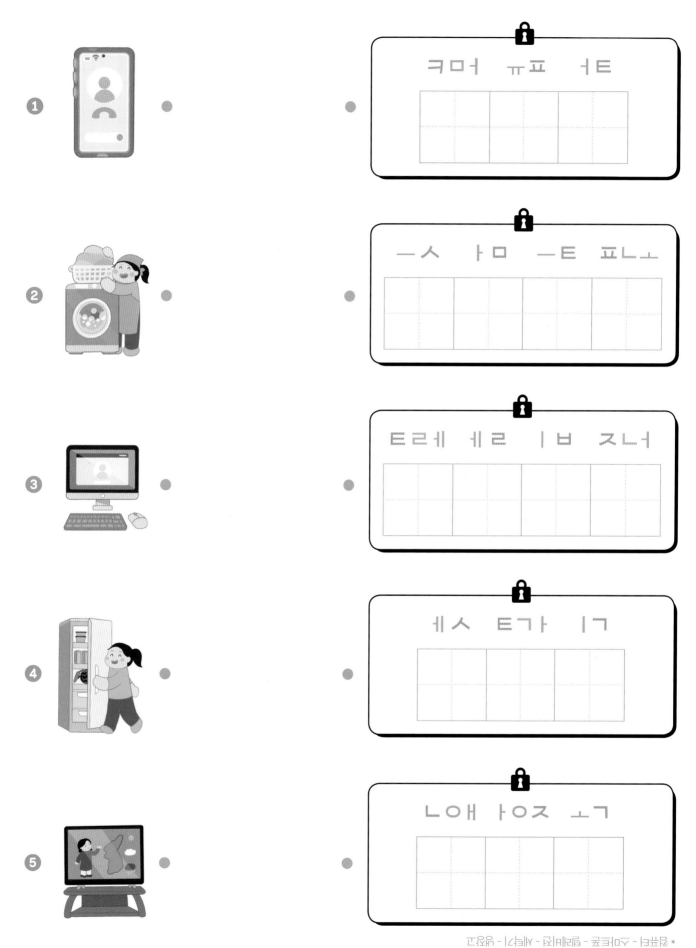

❶ 

ㅋㅁㅓ ㅠㅍ ㅓㅌ

❷ 

ㅡㅅ ㅏㅁ ㅡㅌ ㅍㄴㅗ

❸ 

ㅌㄹㅔ ㅔㄹ ㅣㅂ ㅈㄴㅓ

❹ 

ㅔㅅ ㅌㄱㅏ ㅣㄱ

❺ 

ㄴㅇㅐ ㅏㅇㅈ ㅗㄱ

* 컴퓨터 - 스마트폰 - 텔레비전 - 세탁기 - 냉장고

가족 또는 친구와 함께 빙고 놀이를 해 보세요.

스	마	트	폰	청
텔	레	비	전	소
컴	퓨	터	선	풍
냉	장	고	토	컨
세	탁	기	에	어

선	에	컴	냉	스
풍	어	퓨	장	마
토	컨	터	고	트
세	청	소	기	폰
탁	텔	레	비	전

*따라 쓰기 또는 동그라미로 표시해 보세요. (4줄 빙고)

그림에 어울리는 단어를 빈칸에 적어 보세요.

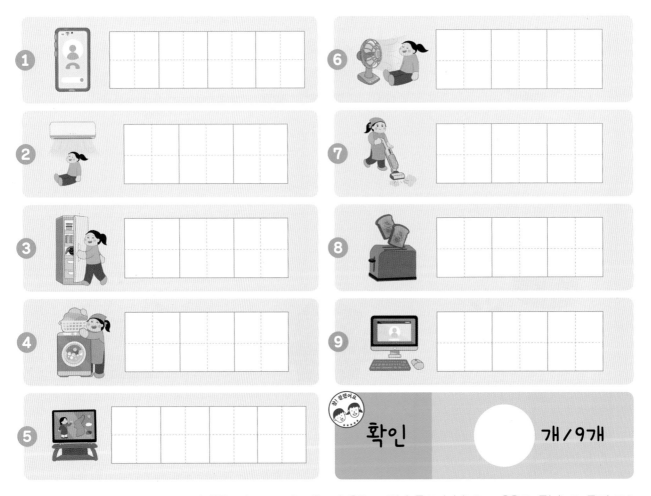

1 

2 

3 

4 

5 

6 

7 

8 

9 

참 잘했어요 확인 개 / 9개

1. 스마트폰 2. 에어컨 3. 냉장고 4. 세탁기 5. 텔레비전 6. 선풍기 7. 청소기 8. 토스터 9. 컴퓨터

두 그림의 서로 다른 부분을 찾고, 'O' 표시를 해 보세요. 9개

05 의복

얘들아, 안녕?
나와 함께 '의복'에 대한
단어를 알아보자.

아래의 단어들을 소리 내어 읽고 따라 써 보세요.

한복

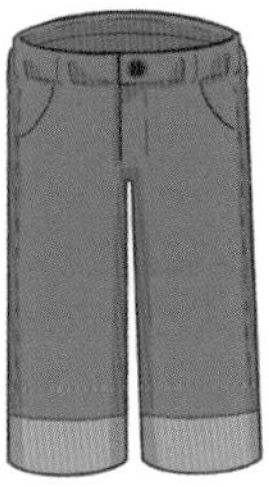

바지

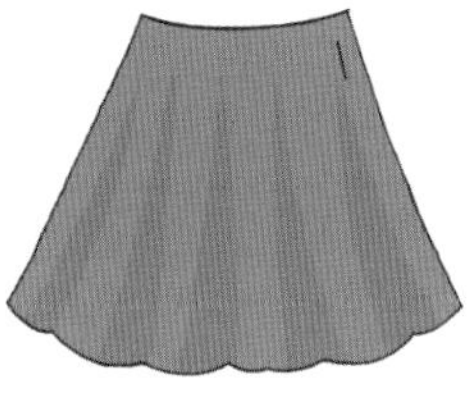

치마

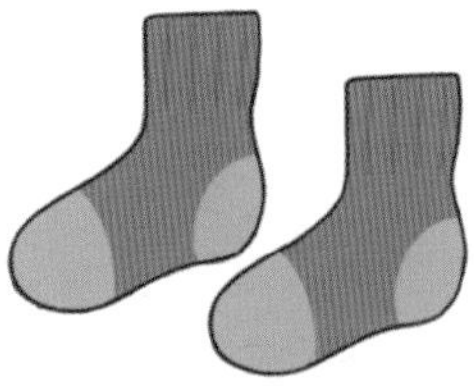

양말

모자

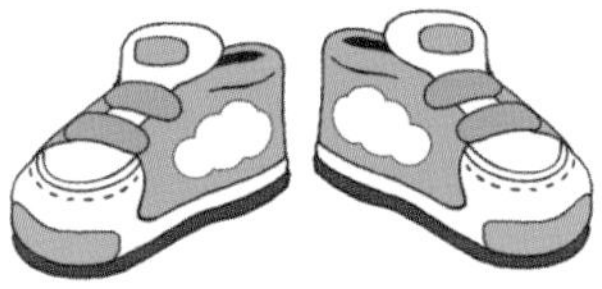

신발

장갑

점퍼

티셔츠

보기의 글자를 표에서 찾아 'O' 표시를 해 보세요.

티	잠	장	갑	운	양
스	셔	옷	깃	동	말
웨	바	츠	한	화	장
터	지	두	복	모	자
신	구	점	드	레	스
이	발	퍼	치	마	타

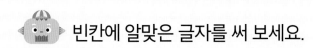

빈칸에 알맞은 글자를 써 보세요.

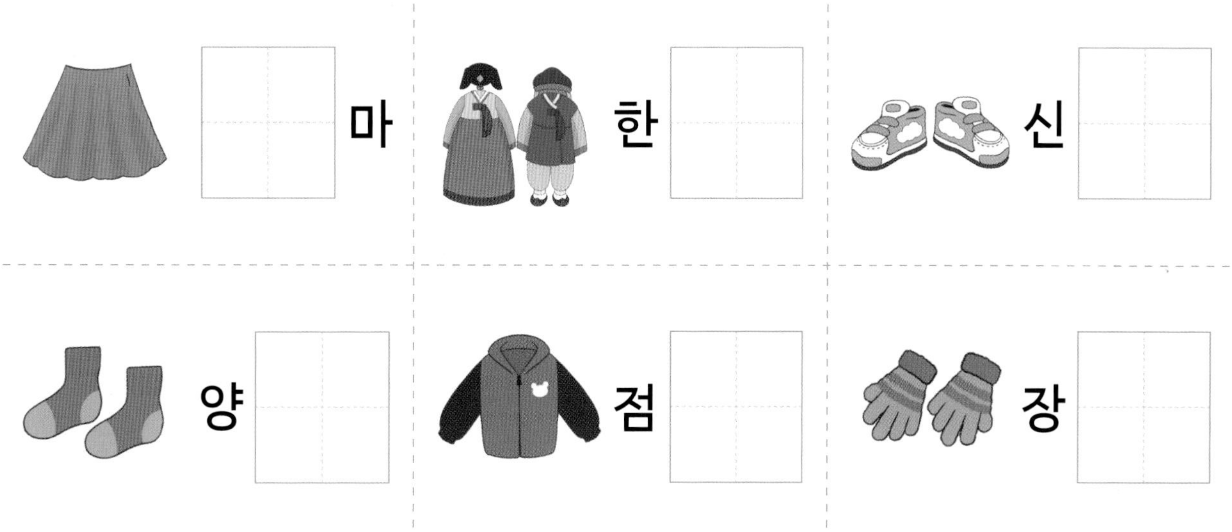

그림과 어울리는 단어에 'O' 표시를 해 보세요.

❶

한복
항복

❷

점버
점퍼

❸

장갑
장갚

❹

심발
신발

❺

모자
모쟈

❻
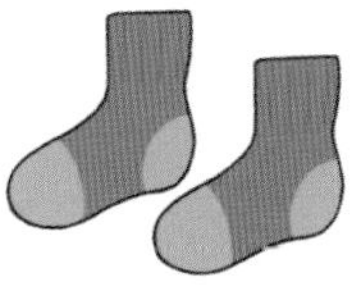
양발
양말

❼

치마
침아

❽
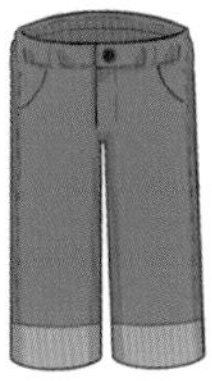
바지
받이

❾

티샤스
티셔츠

단어 스도쿠의 빈칸에 알맞은 단어를 써 보세요.

한복 양말 치마

한복		양말
양말		치마
치마		한복

신발 장갑 점퍼

점퍼		신발
장갑		
신발	점퍼	장갑

09쪽 스도쿠 게임 방법을 참고하세요.

암호를 풀어 빈칸에 알맞은 단어를 쓰고 어울리는 그림과 선으로 연결해 보세요.

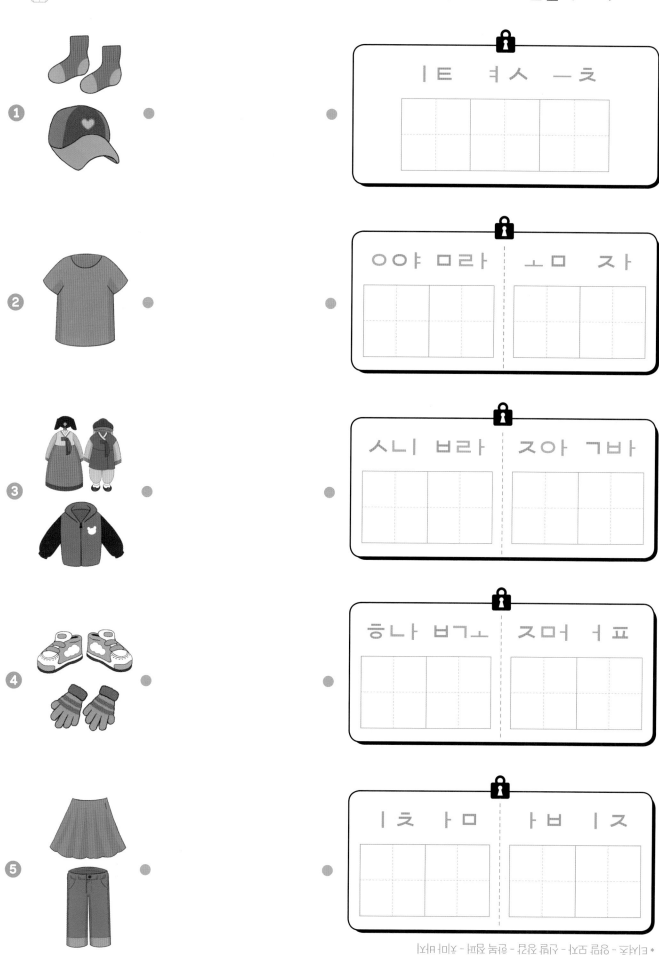

❶ 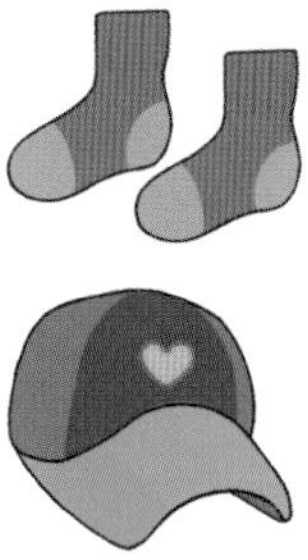

ㅣㅌ ㅕㅅ ㅡㅊ

❷ 

ㅇㅇㅑ ㅁㄹㅏ | ㅗㅁ ㅈㅏ

❸ 

ㅅㄴㅣ ㅂㄹㅏ | ㅈㅇㅏ ㄱㅂㅏ

❹ 

ㅎㄴㅏ ㅂㄱㅗ | ㅈㅁㅓ ㅓㅍ

❺ 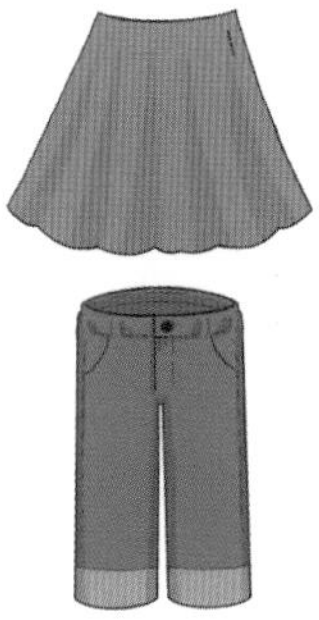

ㅣㅊ ㅏㅁ | ㅏㅂ ㅣㅈ

* 티셔츠 - 양말 모자 - 신발 장갑 - 한복 점퍼 - 치마 바지

가족 또는 친구와 함께 빙고 놀이를 해 보세요.

1	바	지	점	4
한	복	5	퍼	장
양	말	치	마	갑
2	모	자	신	3
티	셔	츠	발	6

4	5	치	마	6
모	자	1	신	발
점	퍼	지	양	장
3	바	2	말	갑
한	복	티	셔	츠

* 따라 쓰기 또는 동그라미로 표시해 보세요. (4줄 빙고)

그림에 어울리는 단어를 빈칸에 적어 보세요.

1. 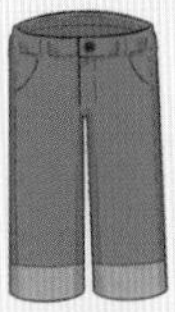
2. 
3. 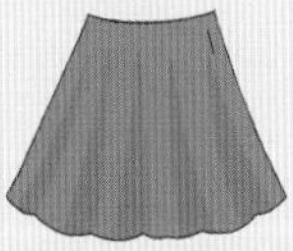
4. 
5. 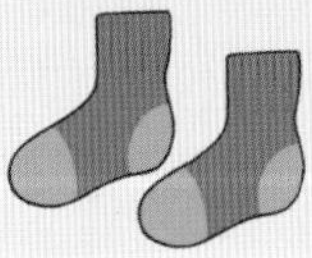
6. 
7. 
8. 
9. 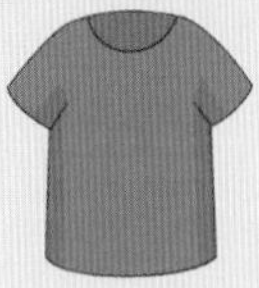

참 잘했어요

확인 개/9개

1. 바지 2. 모자 3. 치마 4. 한복 5. 양말 6. 신발 7. 장갑 8. 점퍼 9. 티셔츠

두 그림의 서로 다른 부분을 찾고, 'O' 표시를 해 보세요. **10개**

06 놀이용품

얘들아, 안녕?
나와 함께 '놀이 용품'에 대한
단어를 알아보자.

아래의 단어들을 소리 내어 읽고 따라 써 보세요.

풀

가위

인형

장난감

동화책

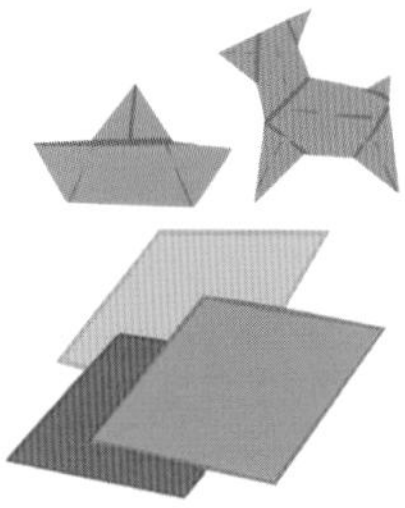

색종이

색연필

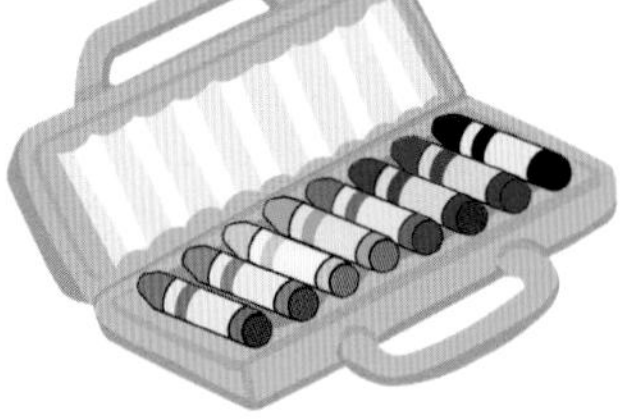

크레파스

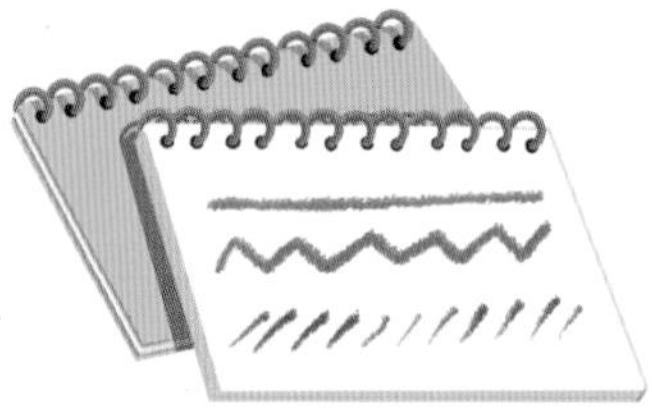

스케치북

보기의 글자를 표에서 찾아 'O' 표시를 해 보세요.

색	볼	동	샤	가	위
연	펜	만	화	프	인
필	색	종	이	책	형
통	지	크	레	파	스
장	난	감	딱	풀	공
소	스	케	치	북	책

보기

장난감

동화책

색연필

크레파스

가위

풀

색종이

인형

스케치북

빈칸에 알맞은 글자를 써 보세요.

□ 연필

장난 □

동 □ 책

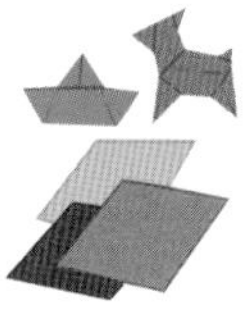
색 □ 이

인 □

가 □

그림과 어울리는 단어에 'O' 표시를 해 보세요.

1

동하책
동화책

2

스켓치북
스케치북

3

풀
푼

4

인형
이녕

5
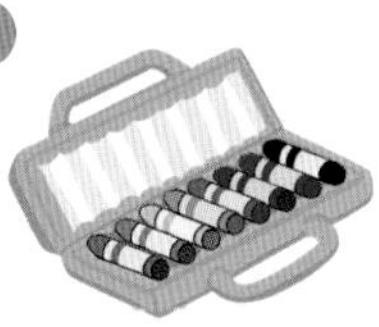
크래파스
크레파스

6

가위
가이

7

장난깜
장난감

8
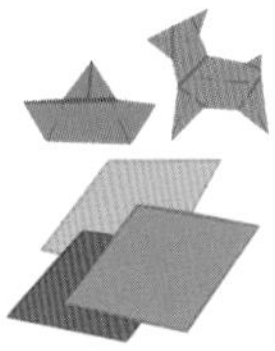
색종이
색쫑이

9

생연필
색연필

단어 스도쿠의 빈칸에 알맞은 단어를 써 보세요.

인형 동화책 색종이

동화책		
색종이	동화책	인형
인형	색종이	

가위 색연필 장난감

장난감	색연필	가위
		색연필
	가위	장난감

09쪽 스도쿠 게임 방법을 참고하세요.

암호를 풀어 빈칸에 알맞은 단어를 쓰고 어울리는 그림과 선으로 연결해 보세요.

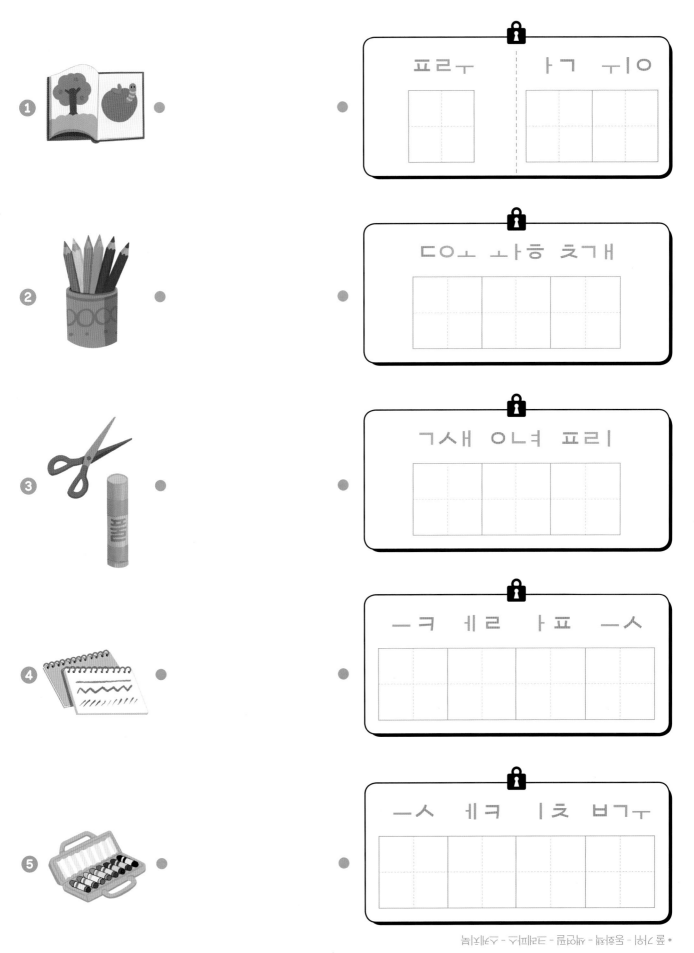

❶ 

ㅍㄹㅜ | ㅏㄱ ㅜㅣㅇ

❷ 

ㄷㅇㅗ ㅗㅏㅎ ㅊㄱㅐ

❸ 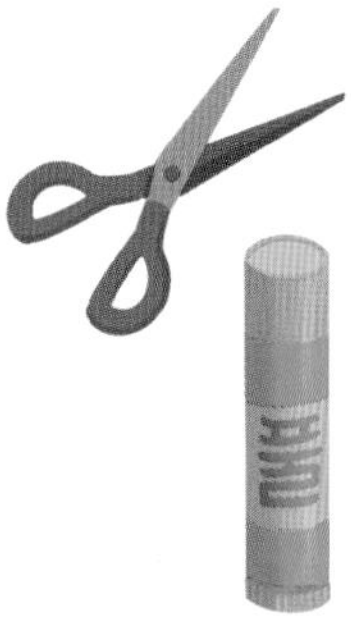

ㄱㅅㅐ ㅇㄴㅕ ㅍㄹㅣ

❹ 

ㅡㅋ ㅔㄹ ㅏㅍ ㅡㅅ

❺ 

ㅡㅅ ㅔㅋ ㅣㅊ ㅂㄱㅜ

* 풀 가위 - 동화책 - 색연필 - 크레파스 - 스케치북

가족 또는 친구와 함께 빙고 놀이를 해 보세요.

1	크	레	파	스
색	종	이	장	케
연	가	위	난	치
필	풀	2	감	북
동	화	책	인	형

인	형	2	동	화
1	색	종	이	책
장	난	감	가	위
크	레	파	스	케
연	필	풀	치	북

*따라 쓰기 또는 동그라미로 표시해 보세요. (4줄 빙고)

그림에 어울리는 단어를 빈칸에 적어 보세요.

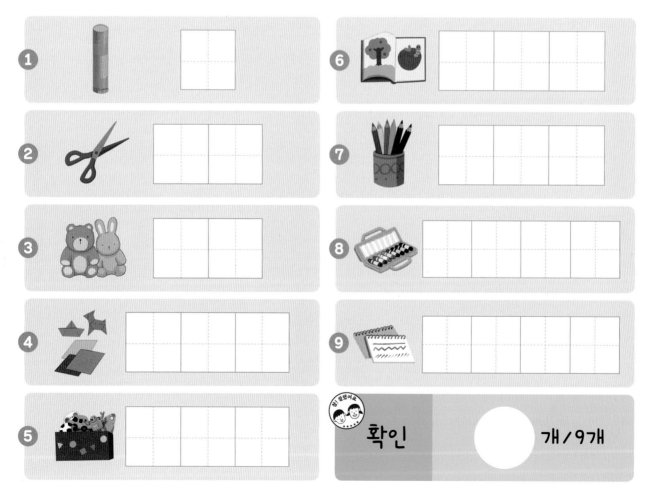

1 

2 

3 

4 

5 

6 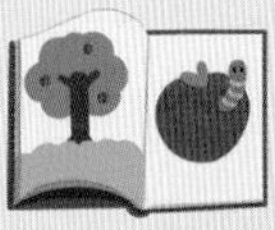

7 

8 

9 

참! 잘했어요

확인 개 / 9개

1. 풀 2. 가위 3. 인형 4. 색종이 5. 장난감 6. 동화책 7. 색연필 8. 크레파스 9. 스케치북

두 그림의 서로 다른 부분을 찾고, 'O' 표시를 해 보세요.

9개

07 과일

애들아, 안녕?
나와 함께 '과일'에 대한
단어를 알아보자.

아래의 단어들을 소리 내어 읽고 따라 써 보세요.

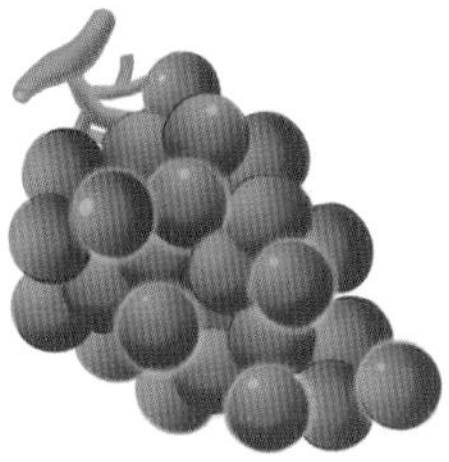

포도

딸기

사과

수박

참외

키위

복숭아

바나나

오렌지

보기의 글자를 표에서 찾아 'O' 표시를 해 보세요.

멜	딸	키	위	감	복
론	기	야	사	과	숭
참	유	자	두	수	아
배	외	몽	포	체	박
바	나	나	도	리	망
레	몬	오	렌	지	고

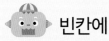

보기

복숭아

키위

참외

포도

오렌지

바나나

딸기

사과

수박

빈칸에 알맞은 글자를 써 보세요.

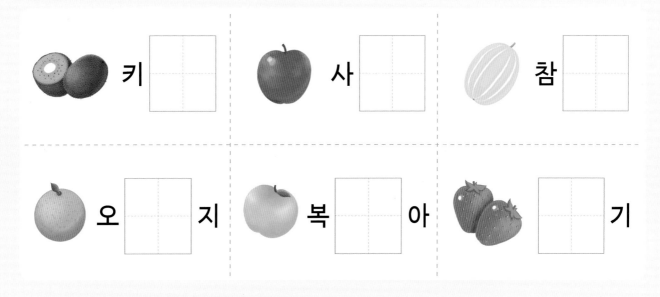

키 ☐

사 ☐

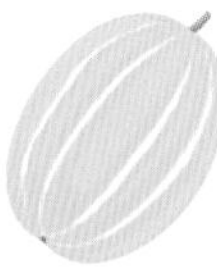
참 ☐

오 ☐ 지

복 ☐ 아

☐ 기

그림과 어울리는 단어에 'O' 표시를 해 보세요.

1 
오렌지
오랜지

2 
포도
폳오

3 
차메
참외

4 
키위
키이

5 
봉숭아
복숭아

6 
수박
수막

7 
사가
사과

8 
딸기
달기

9 
바나나
바나다

단어 스도쿠의 빈칸에 알맞은 단어를 써 보세요.

사과 딸기 바나나

딸기		사과
바나나		
사과	딸기	바나나

참외 복숭아 오렌지

참외	오렌지	복숭아
복숭아		
오렌지		참외

09쪽 스도쿠 게임 방법을 참고하세요.

암호를 풀어 빈칸에 알맞은 단어를 쓰고 어울리는 그림과 선으로 연결해 보세요.

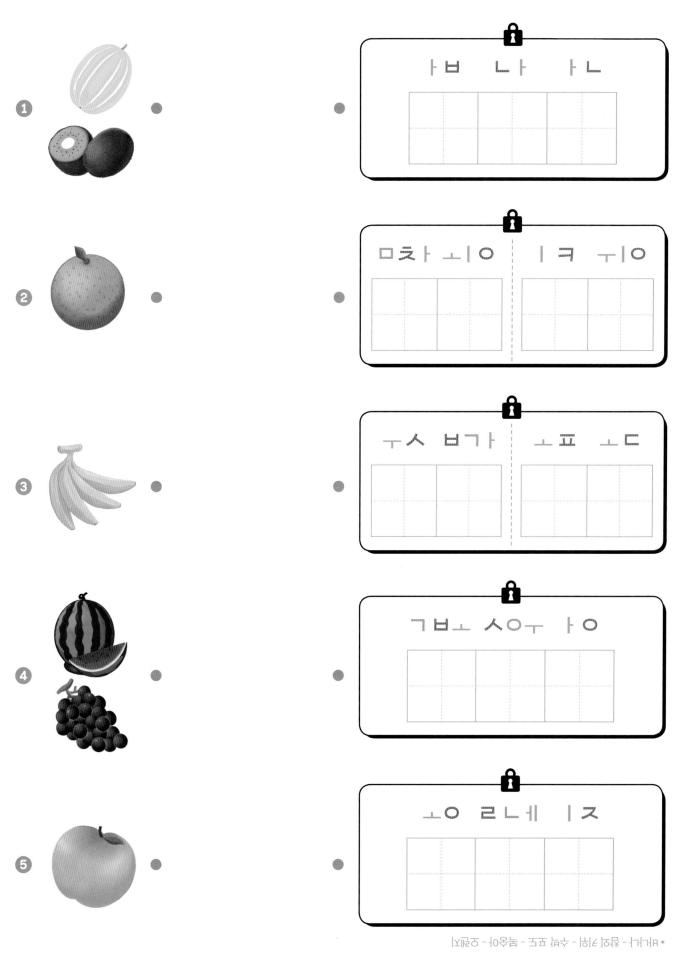

1 

ㅏㅂ ㄴㅏ ㅏㄴ

2 

ㅁㅊㅏ ㅗㅣㅇ | ㅣㅋ ㅜㅣㅇ

3 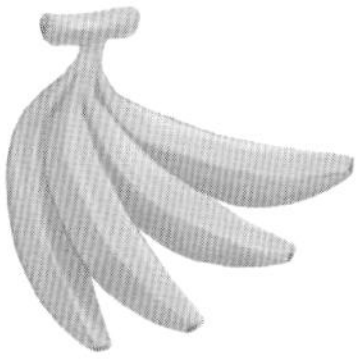

ㅜㅅ ㅂㄱㅏ | ㅗㅍ ㅗㄷ

4 

ㄱㅂㅗ ㅅㅇㅜ ㅏㅇ

5 

ㅗㅇ ㄹㄴㅔ ㅣㅈ

* 바나나 - 참외 키위 - 수박 포도 - 복숭아 - 오렌지

가족 또는 친구와 함께 빙고 놀이를 해 보세요.

딸	기	포	도	오
1	바	나	4	렌
5	3	사	과	지
복	숭	아	수	박
2	키	위	참	외

사	바	나	딸	기
과	3	키	위	4
1	복	숭	아	5
수	박	2	포	도
참	외	오	렌	지

* 따라 쓰기 또는 동그라미로 표시해 보세요. (4줄 빙고)

그림에 어울리는 단어를 빈칸에 적어 보세요.

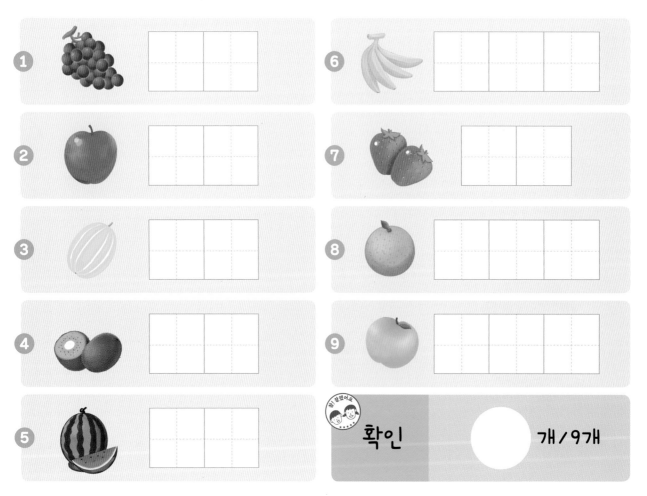

1 

2 

3 

4 

5 

6 

7 

8 

9 

참 잘했어요

확인 개 / 9개

1. 포도 2. 사과 3. 참외 4. 키위 5. 수박 6. 바나나 7. 딸기 8. 오렌지 9. 복숭아

두 그림의 서로 다른 부분을 찾고, 'O' 표시를 해 보세요. 9개

08 채소

얘들아, 안녕?
나와 함께 '채소'에 대한
단어를 알아보자.

아래의 단어들을 소리 내어 읽고 따라 써 보세요.

오이

당근

배추

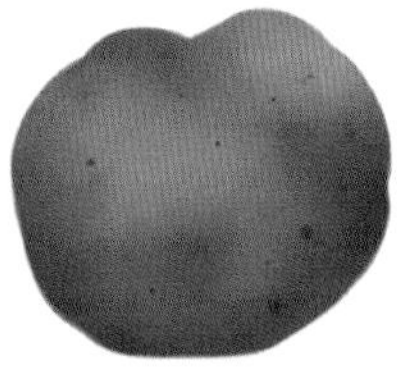

감자

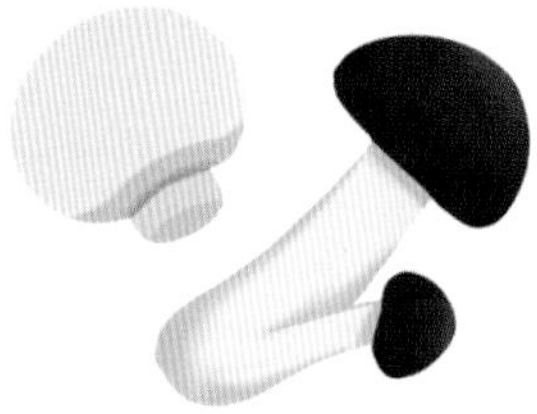

버섯

양파

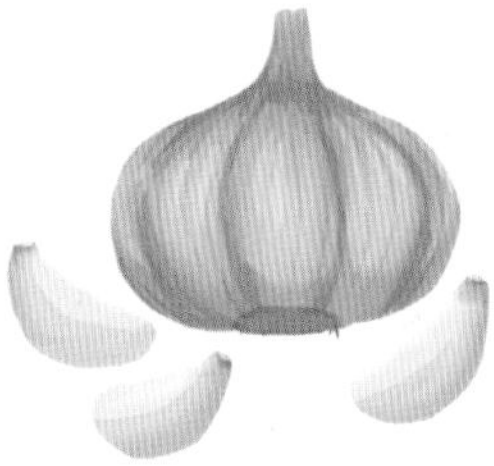

마늘

고구마

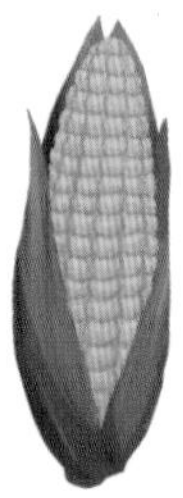

옥수수

보기의 글자를 표에서 찾아 'O' 표시를 해 보세요.

상	추	옥	우	엉	당
오	이	파	수	갓	근
더	덕	마	깨	수	무
감	배	늘	버	섯	양
자	박	추	생	강	파
호	고	구	마	가	지

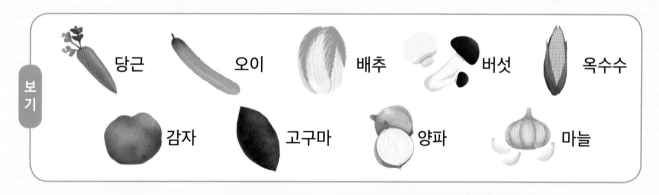

보기

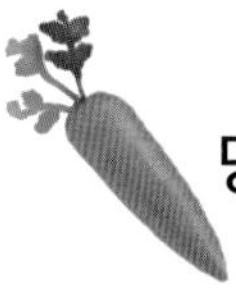
당근

오이

배추

버섯

옥수수

감자

고구마
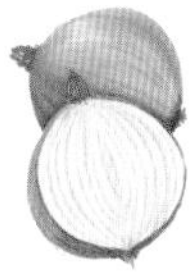
양파
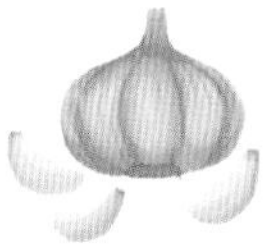
마늘

빈칸에 알맞은 글자를 써 보세요.

배 ___

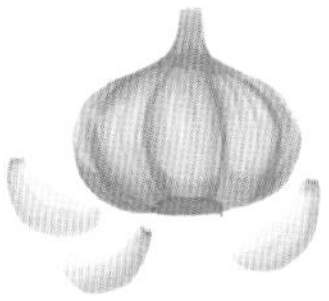
마 ___

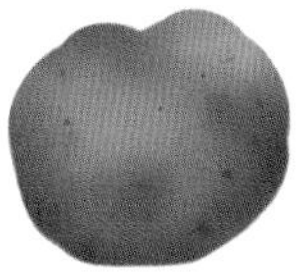
___ 자

버 ___

당 ___

___ 파

그림과 어울리는 단어에 'O' 표시를 해 보세요.

1. 
당근 / 당금

2. 
감사 / 감자

3. 
마을 / 마늘

4. 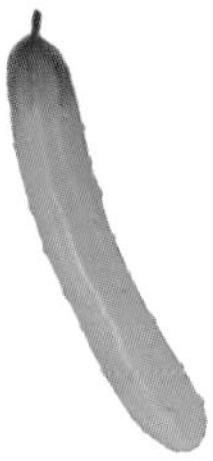
오이 / 오미

5. 
양파 / 양바

6. 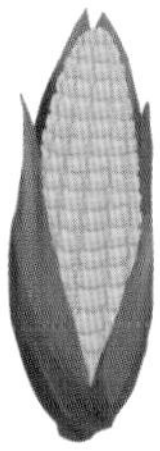
옥주주 / 옥수수

7. 
뱃추 / 배추

8. 
버섣 / 버섯

9. 
고구마 / 고구바

단어 스도쿠의 빈칸에 알맞은 단어를 써 보세요.

배추 버섯 당근

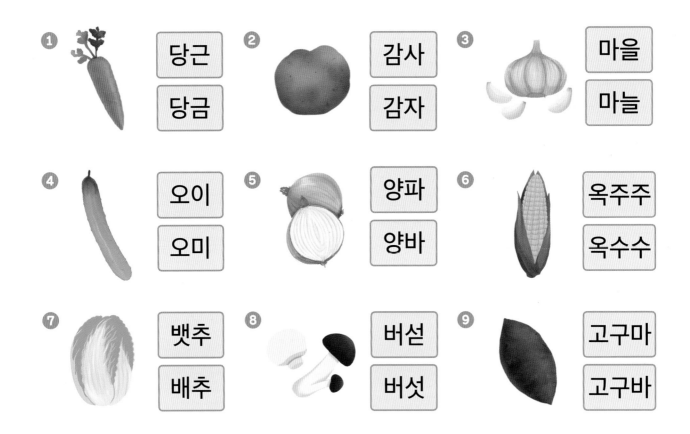

	배추	당근
배추		버섯
당근	버섯	

옥수수 고구마 양파

옥수수	양파	고구마
		옥수수
고구마		양파

09쪽 스도쿠 게임 방법을 참고하세요.

암호를 풀어 빈칸에 알맞은 단어를 쓰고 어울리는 그림과 선으로 연결해 보세요.

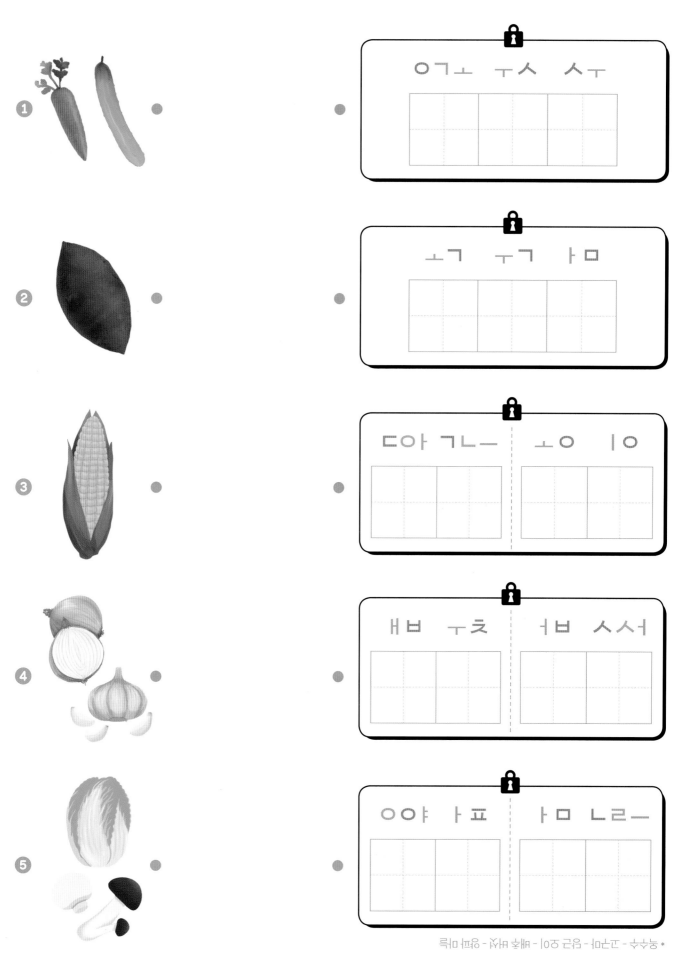

1 

ㅇㄱㅗ ㅜㅅ ㅅㅜ

2 

ㅗㄱ ㅜㄱ ㅏㅁ

3 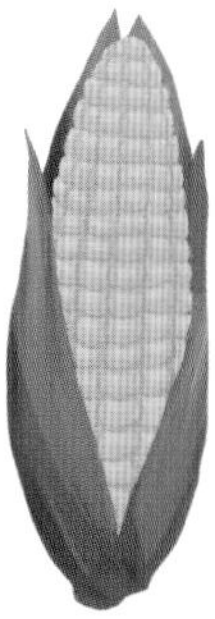

ㄷㅇㅏ ㄱㄴㅡ | ㅗㅇ ㅣㅇ

4 

ㅐㅂ ㅜㅊ | ㅓㅂ ㅅㅅㅓ

5 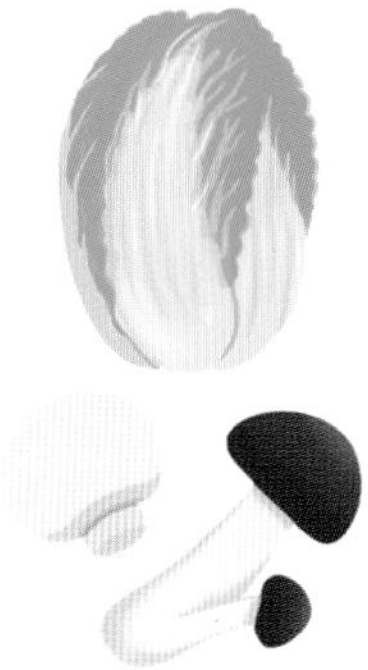

ㅇㅇㅑ ㅏㅍ | ㅏㅁ ㄴㄹㅡ

* 옥수수 - 고구마 - 당근 오이 - 배추 버섯 - 양파 마늘

가족 또는 친구와 함께 빙고 놀이를 해 보세요.

당	근	5	감	2
3	버	섯	자	7
오	이	고	구	마
6	옥	수	4	늘
배	추	양	파	1

배	추	5	버	섯
1	당	근	옥	양
오	이	6	수	파
2	7	감	자	3
고	구	마	늘	4

*따라 쓰기 또는 동그라미로 표시해 보세요. (4줄 빙고)

그림에 어울리는 단어를 빈칸에 적어 보세요.

1 

2 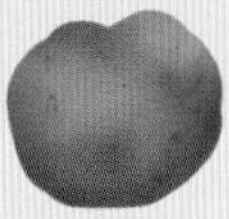

3 

4 

5 

6 

7 

8 

9 

참 잘했어요

확인 개 / 9개

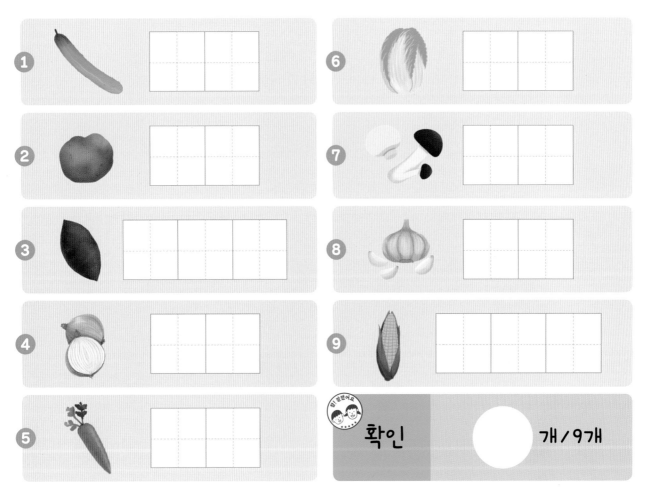

1. 오이 2. 감자 3. 고구마 4. 양파 5. 당근 6. 배추 7. 버섯 8. 마늘 9. 옥수수

두 그림의 서로 다른 부분을 찾고, 'O' 표시를 해 보세요. 9개

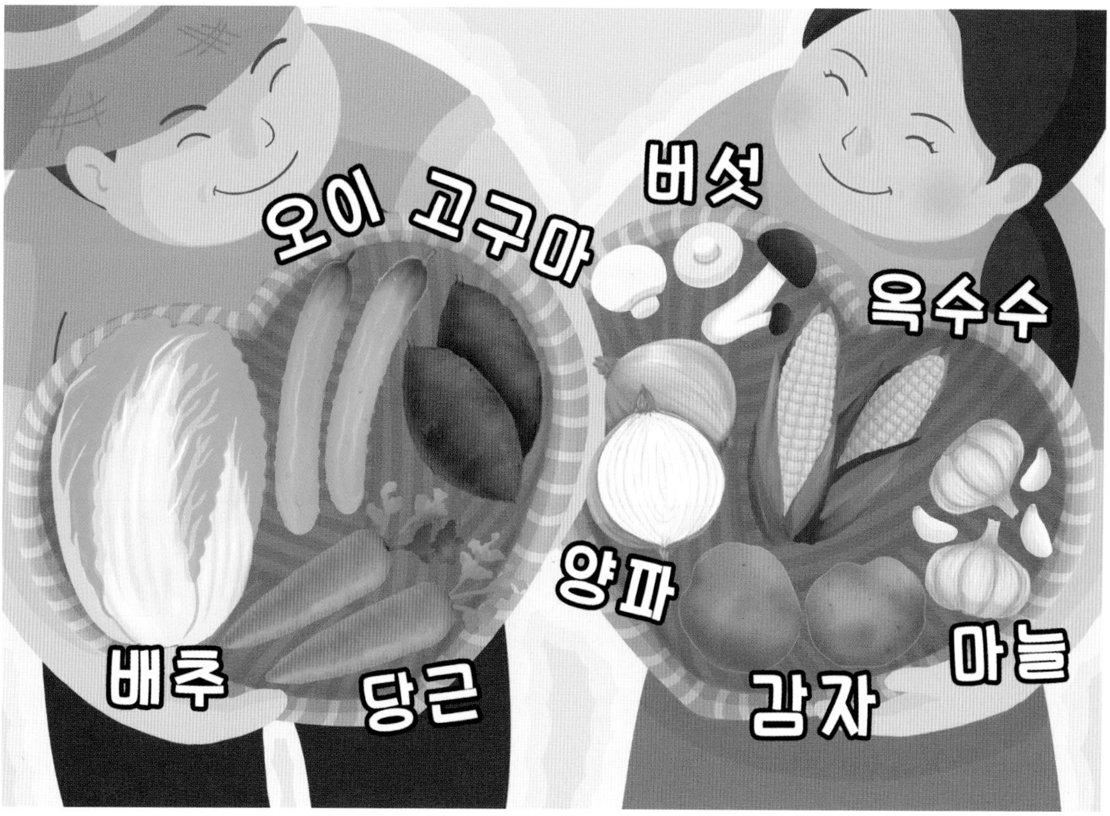

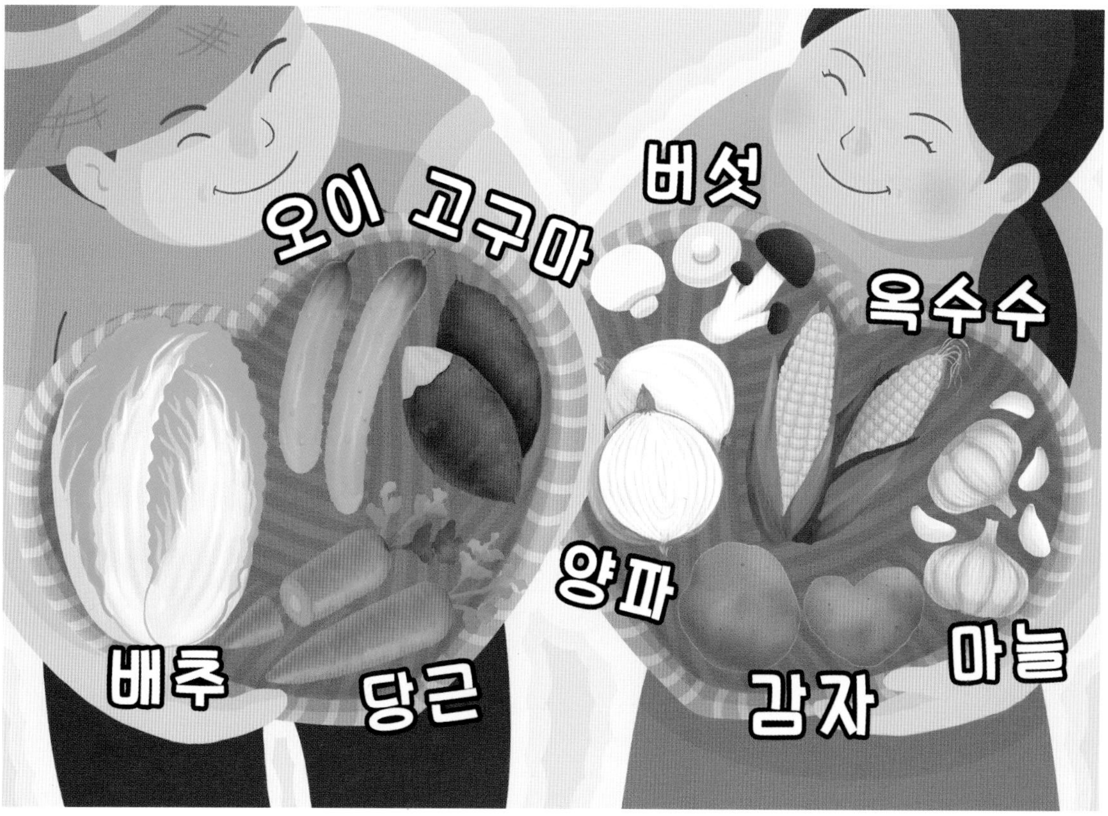

09 간식

얘들아, 안녕?
나와 함께 '간식'에 대한
단어를 알아보자.

아래의 단어들을 소리 내어 읽고 따라 써 보세요.

우유

주스

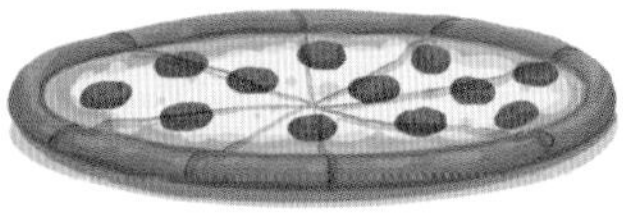

피자

과자

아이스크림

도넛

떡볶이

솜사탕

케이크

보기의 글자를 표에서 찾아 'O' 표시를 해 보세요.

주	젤	과	와	음	아
스	리	자	플	료	이
빵	떡	볶	이	수	스
솜	케	이	크	도	크
사	햄	버	거	넛	림
탕	후	우	유	피	자

보기

주스

케이크

과자

아이스크림
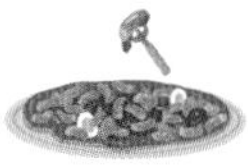
떡볶이
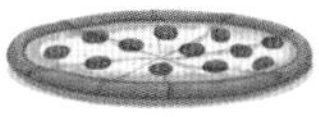
피자

도넛

솜사탕

우유

빈칸에 알맞은 글자를 써 보세요.

도 □

□ 이크

떡 □ 이

피 □

과 □

□ 스

그림과 어울리는 단어에 'O' 표시를 해 보세요.

❶ 

솜사탕 / 손사탕

❷ 

도넏 / 도넛

❸ 

케이크 / 케읶

❹ 

주소 / 주스

❺ 

아이스크린 / 아이스크림

❻ 

피자 / 핏짜

❼ 

우유 / 우우

❽ 

가자 / 과자

❾ 

떡볶이 / 떡뽀끼

단어 스도쿠의 빈칸에 알맞은 단어를 써 보세요.

주스 케이크 과자

주스		과자
	주스	케이크
케이크	과자	

도넛 솜사탕 떡볶이

솜사탕		도넛
떡볶이	도넛	
	솜사탕	떡볶이

09쪽 스도쿠 게임 방법을 참고하세요.

암호를 풀어 빈칸에 알맞은 단어를 쓰고 어울리는 그림과 선으로 연결해 보세요.

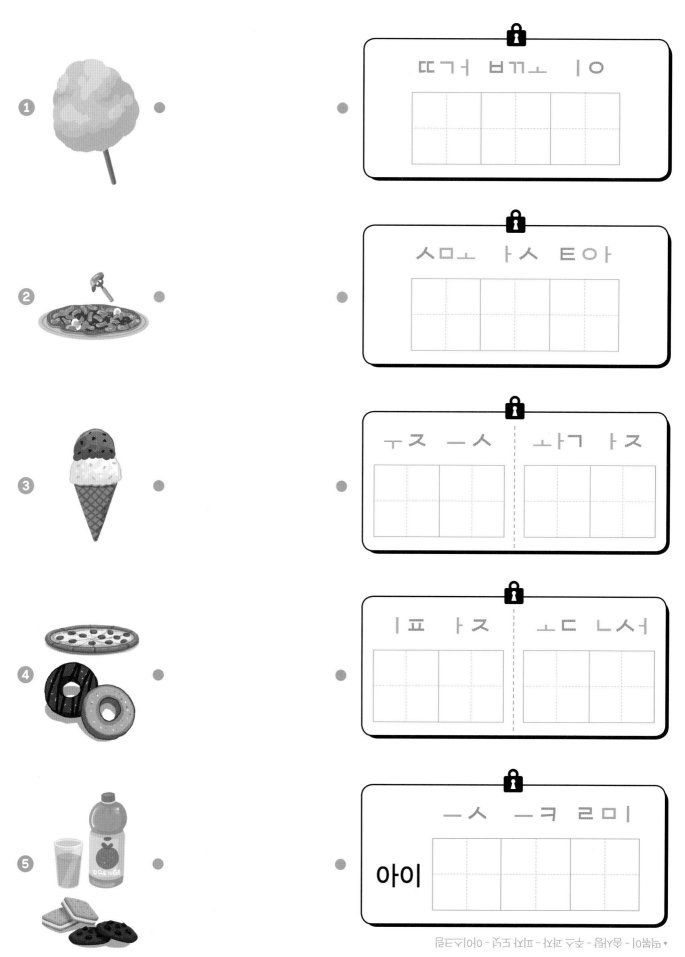

❶ 

ㄸㄱㅓ ㅂㄲㅗ ㅣㅇ

❷ 

ㅅㅁㅗ ㅏㅅ ㅌㅇㅏ

❸ 

ㅜㅈ ㅡㅅ | ㅗㅏㄱ ㅏㅈ

❹ 

ㅣㅍ ㅏㅈ | ㅗㄷ ㄴㅅㅓ

❺ 

ㅡㅅ ㅡㅋ ㄹㅁㅣ

아이

* 떡볶이 - 솜사탕 - 초코 과자 - 피자 도넛 - 아이스크림

가족 또는 친구와 함께 빙고 놀이를 해 보세요.

우	과	케	아	1
유	피	자	이	3
솜	떡	주	스	도
사	볶	4	크	넛
탕	2	6	림	5

6	3	솜	사	탕
우	유	떡	볶	4
2	케	주	도	넛
아	이	스	크	림
1	5	과	자	피

*따라 쓰기 또는 동그라미로 표시해 보세요. (4줄 빙고)

그림에 어울리는 단어를 빈칸에 적어 보세요.

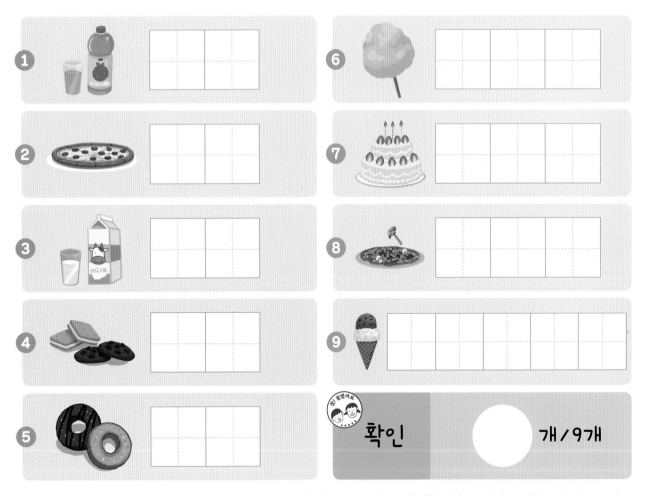

1 

2 

3 

4 

5 

6 

7 

8 

9 

참 잘했어요 확인 개 / 9개

1. 주스 2. 피자 3. 우유 4. 과자 5. 도넛 6. 솜사탕 7. 케이크 8. 떡볶이 9. 아이스크림

두 그림의 서로 다른 부분을 찾고, 'O' 표시를 해 보세요.

9개

10 음식

얘들아, 안녕?
나와 함께 '음식'에 대한
단어를 알아보자.

아래의 단어들을 소리 내어 읽고 따라 써 보세요.

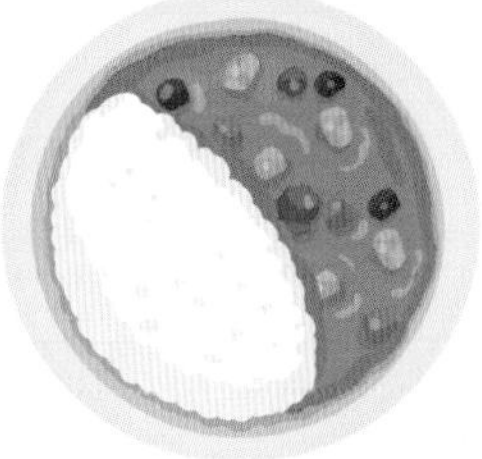

카레

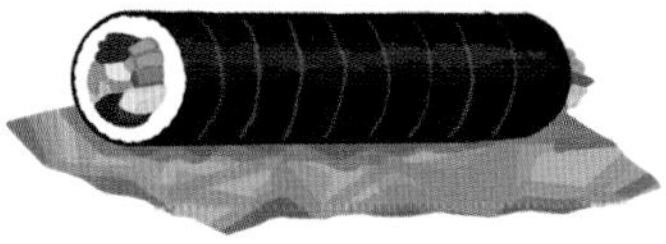

김밥

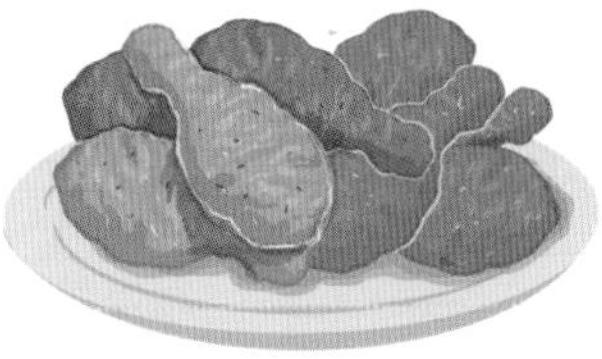

치킨

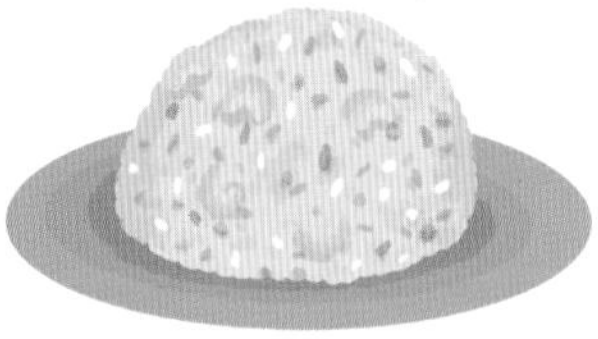

볶음밥

짜장면

불고기

돈가스

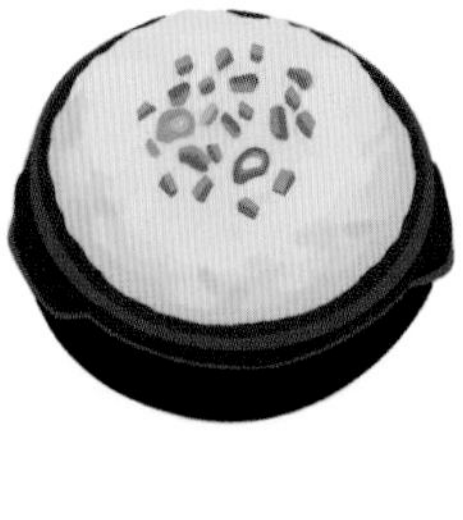

계란찜

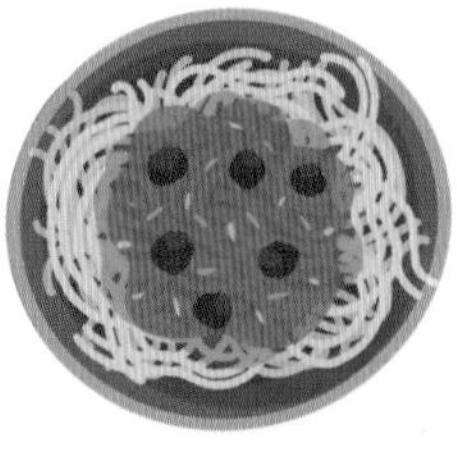

스파게티

보기의 글자를 표에서 찾아 'O' 표시를 해 보세요.

볶	국	수	돈	묵	카
죽	음	김	참	가	레
불	떡	밥	치	즈	스
고	계	란	찜	짜	쌈
기	탕	수	육	장	치
스	파	게	티	면	킨

보기

 김밥  불고기  볶음밥 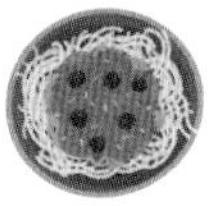 스파게티

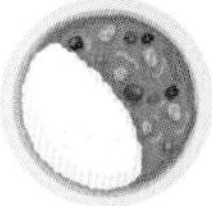 카레  돈가스 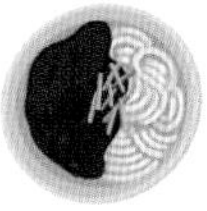 짜장면 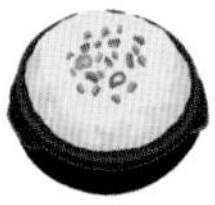 계란찜  치킨

빈칸에 알맞은 글자를 써 보세요.

 ☐장면

 카☐

 김☐

 돈☐스

 ☐음밥

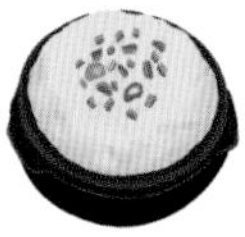 ☐란찜

그림과 어울리는 단어에 'O' 표시를 해 보세요.

1 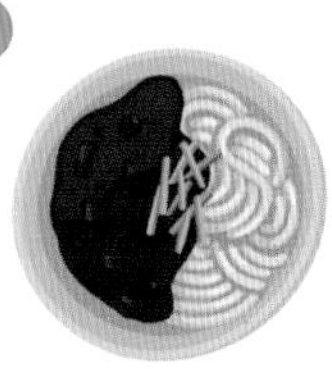
짜장면
자작면

2 
불고기
물고기

3 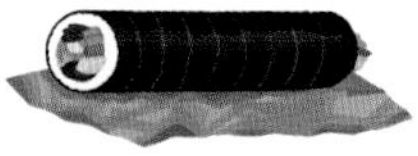
긴밥
김밥

4 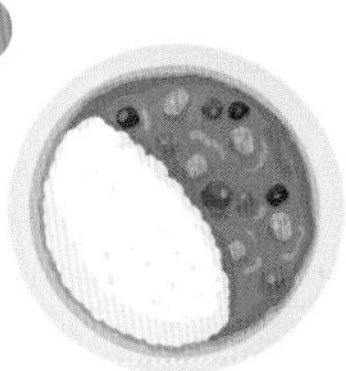
카레
카래

5 
칙힌
치킨

6 
돈가스
돈까스

7 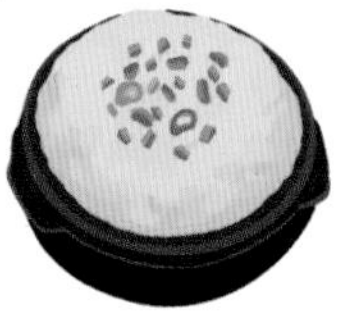
곌안찜
계란찜

8 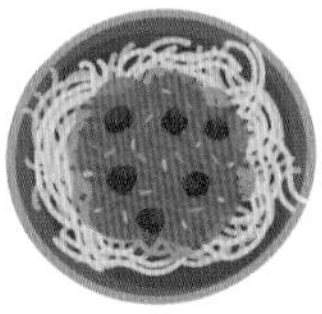
스파게티
습하게티

9 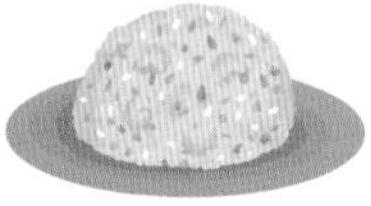
보끔밥
볶음밥

단어 스도쿠의 빈칸에 알맞은 단어를 써 보세요.

카레 김밥 볶음밥

카레		볶음밥
김밥	볶음밥	
	카레	김밥

치킨 돈가스 짜장면

돈가스		
치킨	돈가스	짜장면
짜장면	치킨	

09쪽 스도쿠 게임 방법을 참고하세요.

암호를 풀어 빈칸에 알맞은 단어를 쓰고 어울리는 그림과 선으로 연결해 보세요.

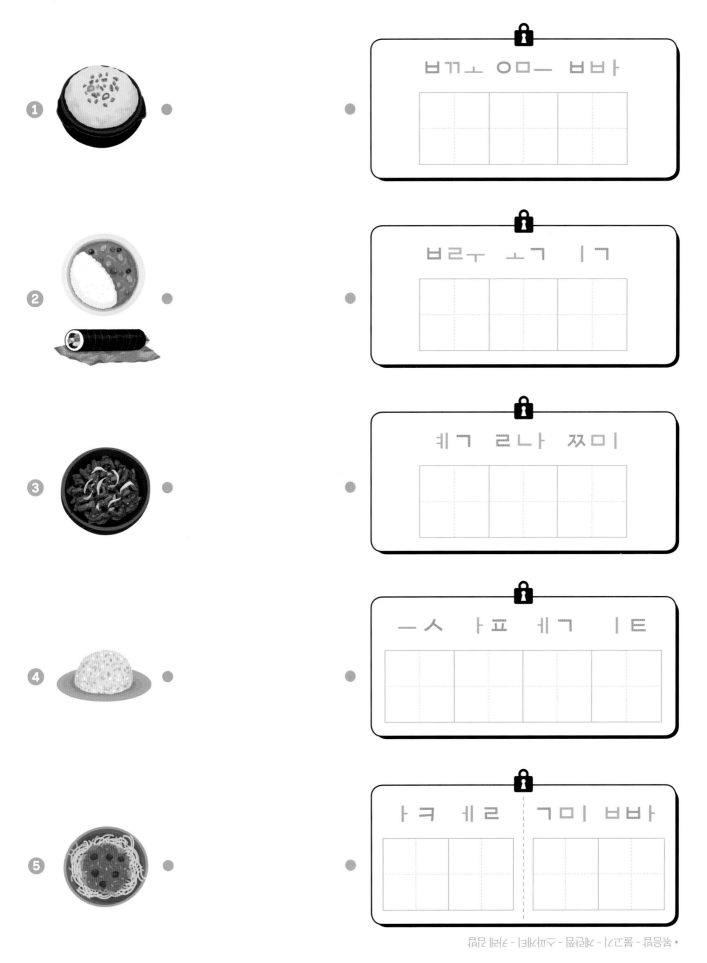

① 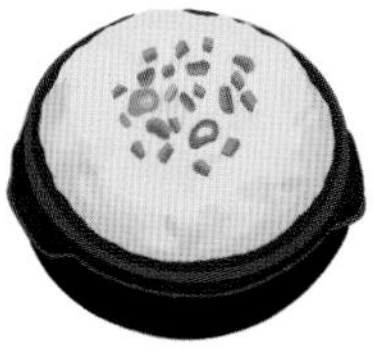

ㅂㄲㅗ ㅇㅁㅡ ㅂㅂㅏ

② 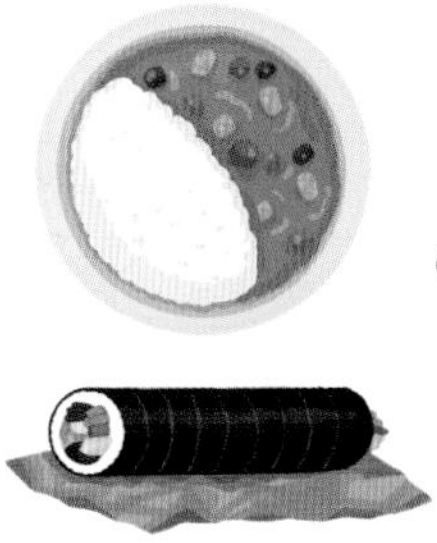

ㅂㄹㅜ ㅗㄱ ㅣㄱ

③ 

ㅕㄱ ㄹㄴㅏ ㅉㅁㅣ

④ 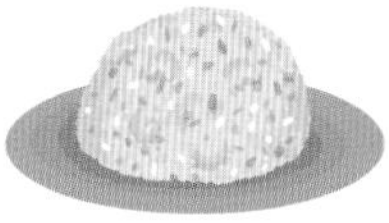

ㅡㅅ ㅏㅍ ㅔㄱ ㅣㅌ

⑤ 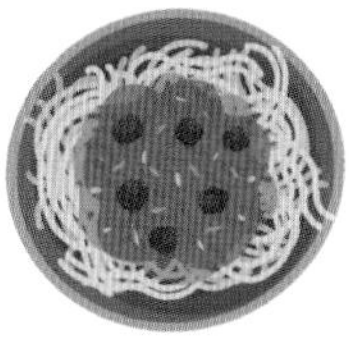

ㅏㅋ ㅔㄹ | ㄱㅁㅣ ㅂㅂㅏ

* 볶음밥 - 불고기 - 계란찜 - 스파게티 - 카레 김밥

가족 또는 친구와 함께 빙고 놀이를 해 보세요.

돈	계	란	찜	김
가	1	볶	음	밥
스	파	게	티	짜
치	카	레	2	장
킨	불	고	기	면

짜	카	레	1	치
장	면	김	불	킨
볶	음	밥	고	계
돈	가	찜	기	란
2	스	파	게	티

*따라 쓰기 또는 동그라미로 표시해 보세요. (4줄 빙고)

그림에 어울리는 단어를 빈칸에 적어 보세요.

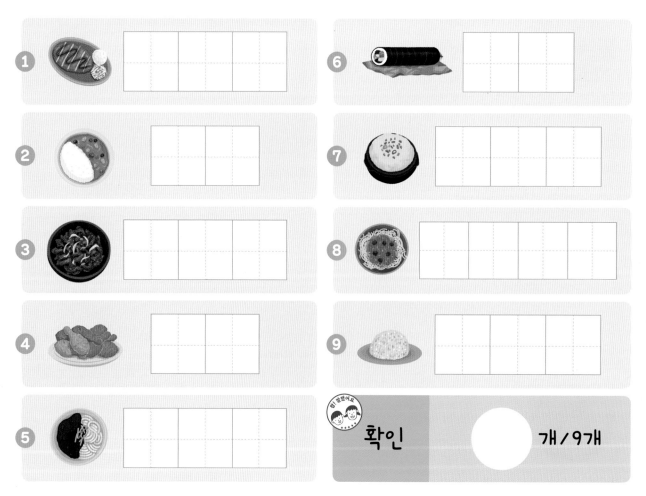

1 

2 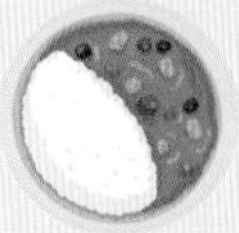

3 

4 

5 

6 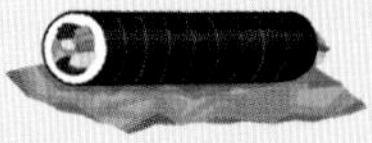

7 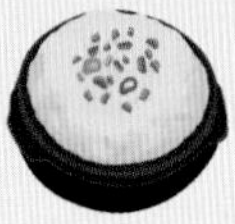

8 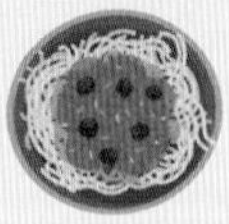

9 

확인 개 / 9개

1. 돈가스 2. 카레 3. 불고기 4. 치킨 5. 짜장면 6. 김밥 7. 계란찜 8. 스파게티 9. 볶음밥

두 그림의 서로 다른 부분을 찾고, 'O' 표시를 해 보세요. 9개

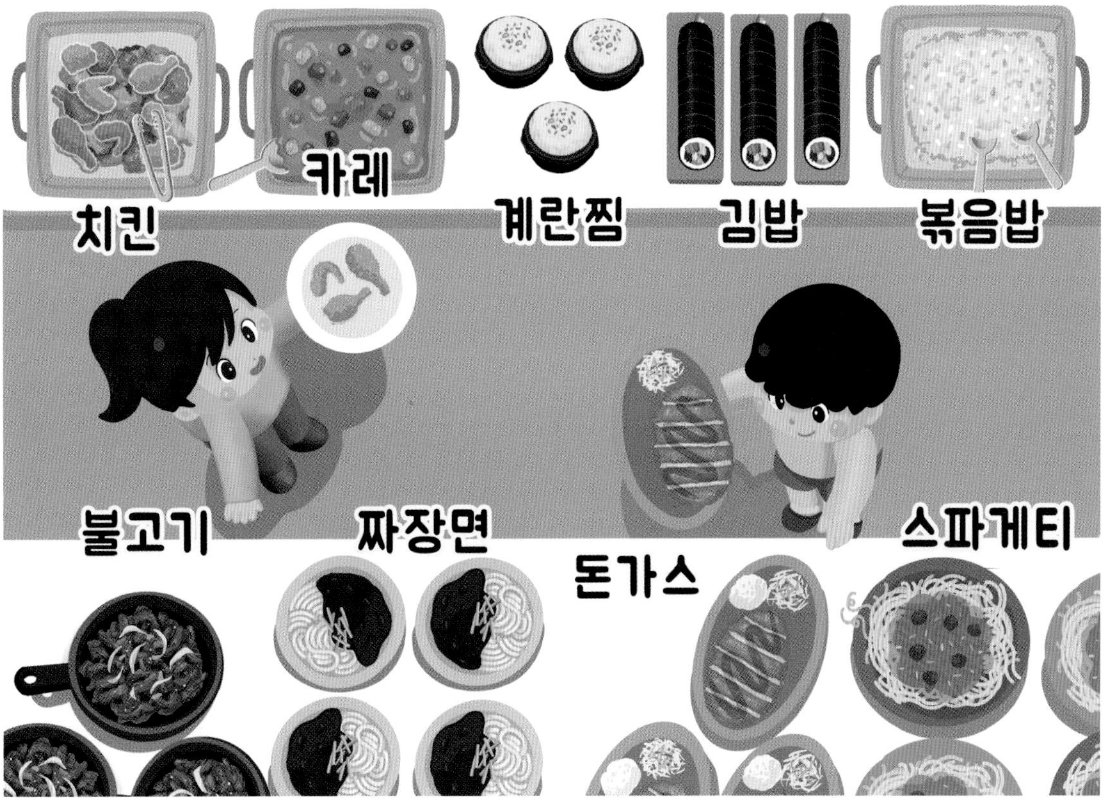

ㅅ ㅏ ㄱ ㅘ
ㅍ ㅗ ㄷ ㅗ

Sing Sing

2장

11 놀이터

얘들아, 안녕?
나와 함께 '놀이터'에 대한
단어를 알아보자.

아래의 단어들을 소리 내어 읽고 따라 써 보세요.

시소

그네

정글짐

자전거

미끄럼틀

소꿉놀이

술래잡기

숨바꼭질

모래놀이

보기의 글자를 표에서 찾아 'O' 표시를 해 보세요.

정	글	짐	축	구	소
공	미	끄	럼	틀	꿉
시	그	모	자	빠	놀
소	찌	네	래	전	이
술	래	잡	기	놀	거
묵	숨	바	꼭	질	이

보기

 시소
 그네
 정글짐
 미끄럼틀
 자전거

 모래놀이
 소꿉놀이
 술래잡기
 숨바꼭질

빈칸에 알맞은 글자를 써 보세요.

 미끄 ___ 틀

 술래잡 ___

 소 ___ 놀이

 숨바 ___ 질

그림과 어울리는 단어에 'O' 표시를 해 보세요.

1 
그내
그네

2 
전글짐
정글짐

3 
시소
시속

4 
미끄럼틀
미끄엄틀

5 
소꿈놀이
소꿉놀이

6 
자전거
자정거

7 
술래잡끼
술래잡기

8 
숨바꼭질
숨박꼭질

9 
모레놀이
모래놀이

단어 스도쿠의 빈칸에 알맞은 단어를 써 보세요.

 그네  술래  잡기

	술래	
그네		술래
	그네	잡기

 모래  숨바  꼭질

	숨바	
	꼭질	모래
꼭질		숨바

09쪽 스도쿠 게임 방법을 참고하세요.

암호를 풀어 빈칸에 알맞은 단어를 쓰고 어울리는 그림과 선으로 연결해 보세요.

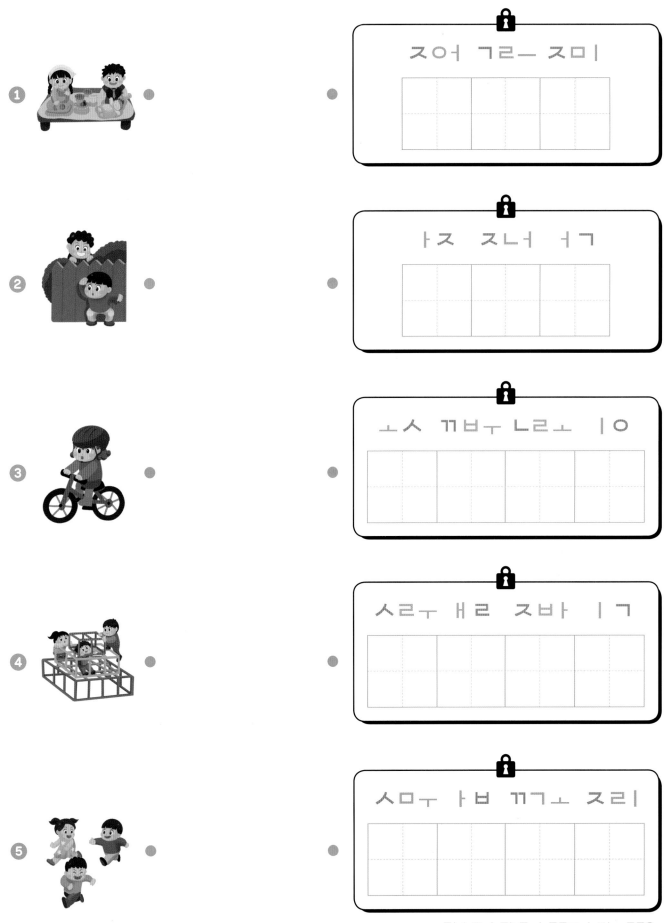

❶ 

❷ 

❸ 

❹ 

❺ 

ㅈㅇㅓ ㄱㄹㅡ ㅈㅁㅣ

ㅏㅈ ㅈㄴㅓ ㅓㄱ

ㅗㅅ ㄲㅂㅜ ㄴㄹㅗ ㅣㅇ

ㅅㄹㅜ ㅐㄹ ㅈㅂㅏ ㅣㄱ

ㅅㅁㅜ ㅏㅂ ㄲㄱㅗ ㅈㄹㅣ

가족 또는 친구와 함께 빙고 놀이를 해 보세요.

정	술	소	꿉	시
모	래	놀	이	숨
그	잡	자	전	바
네	기	글	거	꼭
미	끄	럼	틀	질

숨	바	꼭	질	미
정	모	시	글	끄
술	래	잡	기	럼
소	놀	그	네	틀
꿉	이	자	전	거

*따라 쓰기 또는 동그라미로 표시해 보세요. (4줄 빙고)

그림에 어울리는 단어를 빈칸에 적어 보세요.

1 

2 

3 

4 

5 

6 

7 

8 

9 

확인 개 / 9개

1. 시소 2. 그네 3. 자전거 4. 정글짐 5. 미끄럼틀 6. 모래놀이 7. 술래잡기 8. 숨바꼭질 9. 소꿉놀이

두 그림의 서로 다른 부분을 찾고, 'O' 표시를 해 보세요.

9개

12 직업

얘들아, 안녕?
나와 함께 '직업'에 대한
단어를 알아보자.

아래의 단어들을 소리 내어 읽고 따라 써 보세요.

가수

의사

농부

Action!

배우

과학자

경찰관

소방관

요리사

운동선수

보기의 글자를 표에서 찾아 'O' 표시를 해 보세요.

화	가	과	군	인	경
요	리	사	학	자	찰
농	운	소	설	자	관
부	동	방	가	의	부
상	선	관	수	어	사
인	수	기	자	배	우

보기

가수

의사

경찰관

소방관

배우

과학자

농부

운동선수

요리사

빈칸에 알맞은 글자를 써 보세요.

□학자

□사

□우

□리사

농□

경찰□

그림과 어울리는 단어에 'O' 표시를 해 보세요.

❶ 

의사
으사

❷ 

경찰간
경찰관

❸ 

가수
가쑤

❹ 

소방간
소방관

❺ 

과학자
과학짜

❻ 

놀부
농부

❼ 

요리사
욜이사

❽ 

배우
배후

❾ 

운둔선수
운동선수

단어 스도쿠의 빈칸에 알맞은 단어를 써 보세요.

의사 소방관 과학자

	의사	소방관
의사		과학자
	과학자	

배우 요리사 경찰관

	배우	요리사
요리사		배우
		경찰관

09쪽 스도쿠 게임 방법을 참고하세요.

암호를 풀어 빈칸에 알맞은 단어를 쓰고 어울리는 그림과 선으로 연결해 보세요.

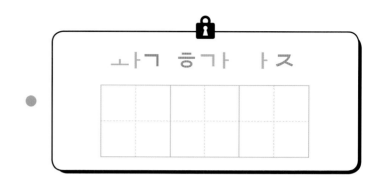

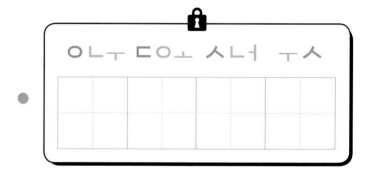

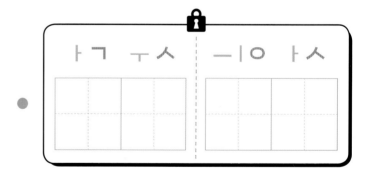

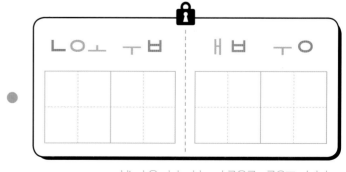

1 

ㅗㅏㄱ ㅎㄱㅏ ㅏㅈ

2 

ㅗㅅ ㅂㅇㅏ ㅗㅏㄱㄴ

3 

ㅇㄴㅜ ㄷㅇㅗ ㅅㄴㅓ ㅜㅅ

4 

ㅏㄱ ㅜㅅ | ㅡㅣㅇ ㅏㅅ

5 

ㄴㅇㅗ ㅜㅂ | ㅐㅂ ㅜㅇ

* 과학자 - 소방관 - 운동선수 - 가수 의사 - 농부 배우

가족 또는 친구와 함께 빙고 놀이를 해 보세요.

요	리	배	우	3
운	동	선	1	4
소	방	과	학	자
경	찰	관	농	부
가	수	의	사	2

배	우	의	2	4
요	리	사	가	소
운	동	선	수	방
1	3	경	찰	관
과	학	자	농	부

*따라 쓰기 또는 동그라미로 표시해 보세요. (4줄 빙고)

그림에 어울리는 단어를 빈칸에 적어 보세요.

1 

2 

3 

4 

5 

6 

7 

8 

9 

참! 잘했어요

확인 개 / 9개

1. 가수 2. 농부 3. 배우 4. 의사 5. 과학자 6. 요리사 7. 경찰관 8. 소방관 9. 운동선수

두 그림의 서로 다른 부분을 찾고, 'O' 표시를 해 보세요. 9개

13 장소

애들아, 안녕?
나와 함께 '장소'에 대한
단어를 알아보자.

아래의 단어들을 소리 내어 읽고 따라 써 보세요.

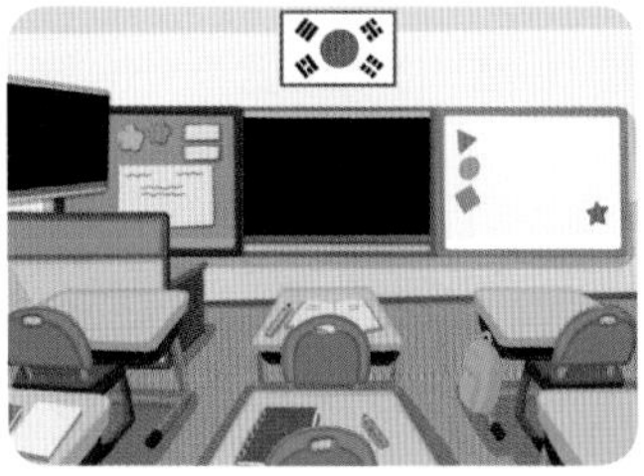

학교

병원

약국

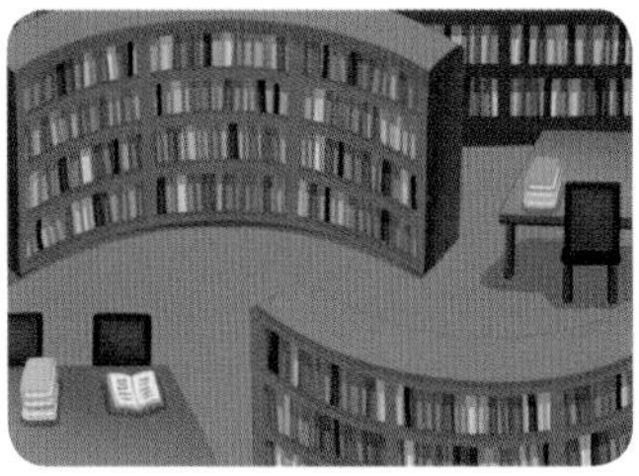

도서관

수영장

박물관

유치원

놀이공원

슈퍼마켓

보기의 글자를 표에서 찾아 'O' 표시를 해 보세요.

호	도	마	학	교	실
병	텔	서	트	유	놀
원	장	슈	관	치	이
시	약	국	퍼	원	공
박	물	관	백	마	원
수	영	장	화	점	켓

보기

 학교  도서관  병원  약국  박물관

 수영장  슈퍼마켓  유치원  놀이공원

빈칸에 알맞은 글자를 써 보세요.

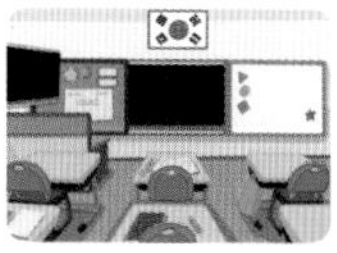 학 □

 □ 원

 약 □

 수 □ 장

 □ 퍼마켓

 □ 물관

그림과 어울리는 단어에 'O' 표시를 해 보세요.

❶ 
유치원
유치언

❷ 
방물관
박물관

❸ 
놀이공언
놀이공원

❹ 
도서간
도서관

❺ 

병원
병언

❻ 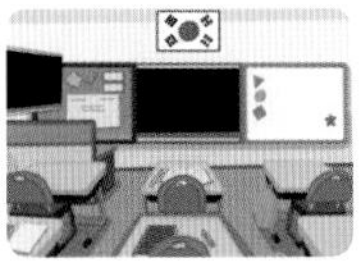
학교
학꾜

❼ 
수영장
수연장

❽ 

약꾹
약국

❾ 
슈퍼마켓
수퍼마켓

단어 스도쿠의 빈칸에 알맞은 단어를 써 보세요.

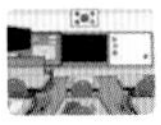 학교  병원  도서관

학교		도서관
병원		
	학교	병원

 공원  수영장  박물관

박물관		공원
		수영장
수영장	공원	

09쪽 스도쿠 게임 방법을 참고하세요.

암호를 풀어 빈칸에 알맞은 단어를 쓰고 어울리는 그림과 선으로 연결해 보세요.

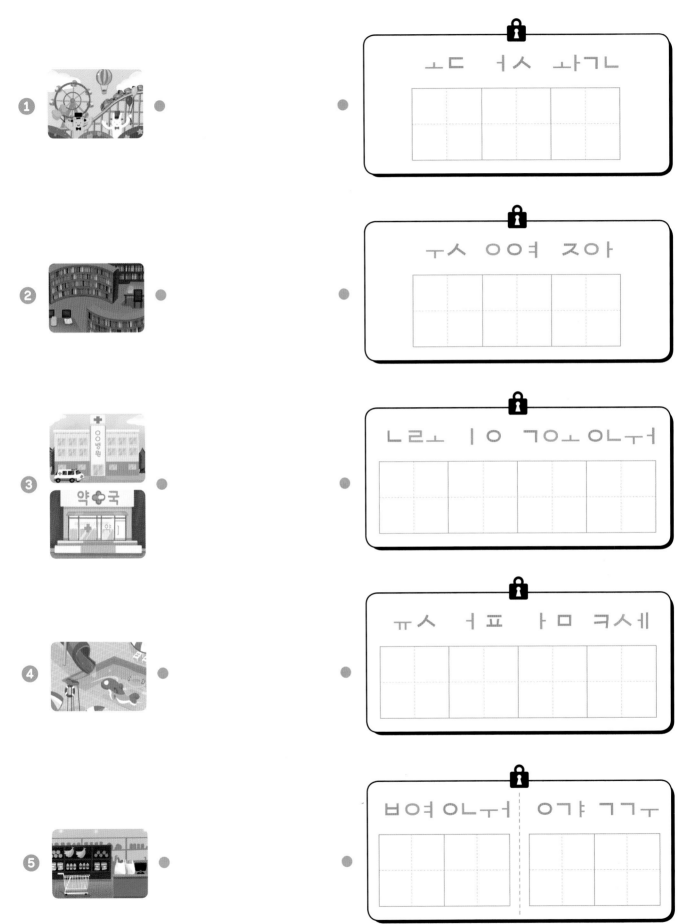

1 

2 

3 

4 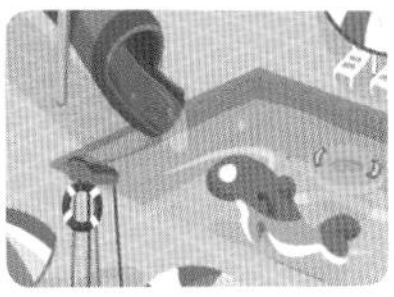

5 

ㅗㄷ ㅓㅅ ㅘㄱㄴ

ㅜㅅ ㅇㅇㅕ ㅈㅇㅏ

ㄴㄹㅗ ㅣㅇ ㄱㅇㅗㅇㄴㅜㅓ

ㅠㅅ ㅓㅍ ㅏㅁ ㅋㅅㅔ

ㅂㅇㅕㅇㄴㅜㅓ ㅇㄱㅑ ㄱㄱㅜ

* 도서관 - 수영장 - 놀이공원 - 슈퍼마켓 - 병원 약국

가족 또는 친구와 함께 빙고 놀이를 해 보세요.

학	교	1	유	슈
약	국	병	치	퍼
놀	이	공	원	마
도	서	관	2	켓
박	물	수	영	장

약	국	놀	학	2
유	1	이	교	슈
수	치	공	도	퍼
영	병	원	서	마
장	박	물	관	켓

*따라 쓰기 또는 동그라미로 표시해 보세요. (4줄 빙고)

그림에 어울리는 단어를 빈칸에 적어 보세요.

1 

2 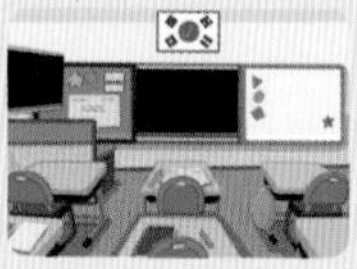

3 

4 

5 

6 

7 

8 

9 

참! 잘했어요 확인 개 / 9개

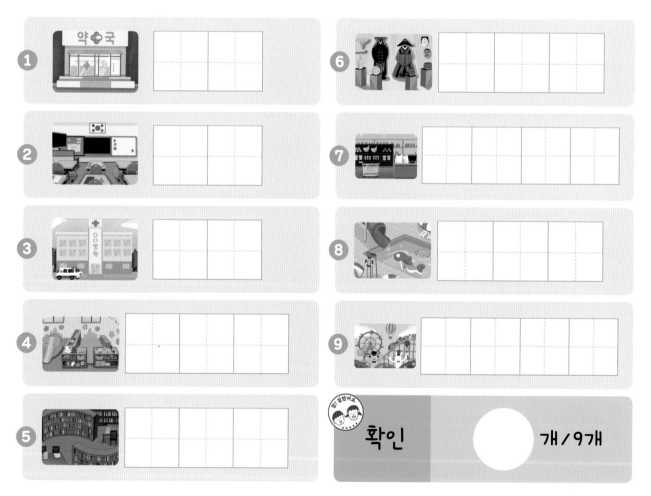

1. 약국 2. 학교 3. 병원 4. 유치원 5. 도서관 6. 박물관 7. 슈퍼마켓 8. 수영장 9. 놀이공원

두 그림의 서로 다른 부분을 찾고, 'O' 표시를 해 보세요.

9개

14 교통수단

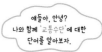

애들아, 안녕?
나와 함께 '교통수단'에 대한
단어를 알아보자.

아래의 단어들을 소리 내어 읽고 따라 써 보세요.

배

버스

트럭

택시

기차

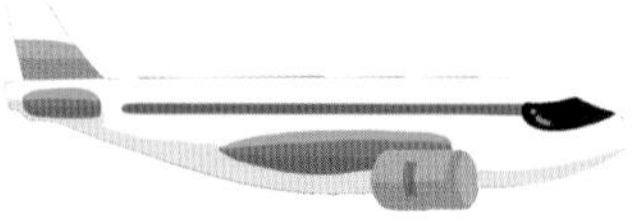

비행기

경찰차

소방차

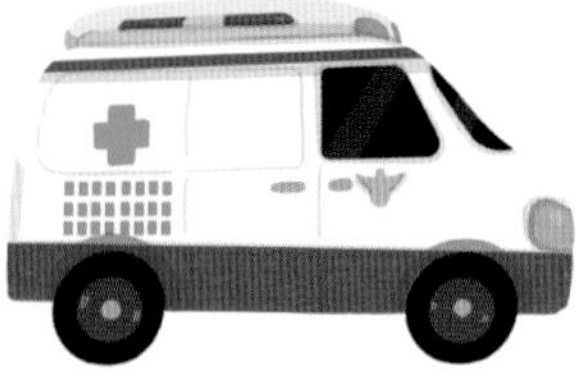

구급차

보기의 글자를 표에서 찾아 'O' 표시를 해 보세요.

소	말	경	찰	차	표
방	배	기	비	행	기
차	드	차	자	전	거
트	럭	론	택	시	리
램	구	급	차	요	트
오	토	바	이	버	스

보기

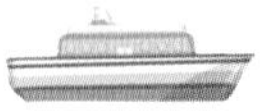 배  비행기  트럭  버스  기차

 택시  경찰차  소방차  구급차

빈칸에 알맞은 글자를 써 보세요.

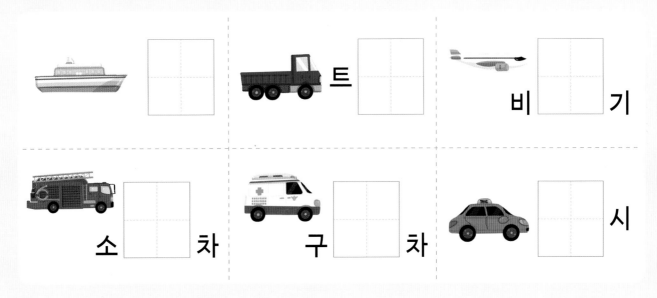

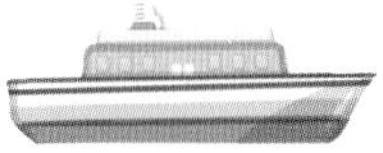 ☐

 트 ☐

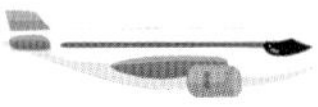 비 ☐ 기

 소 ☐ 차

 구 ☐ 차

 ☐ 시

그림과 어울리는 단어에 'O' 표시를 해 보세요.

1

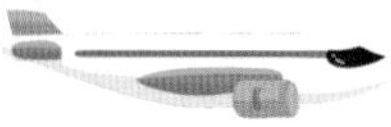

비행기

비핸기

2

틀억

트럭

3

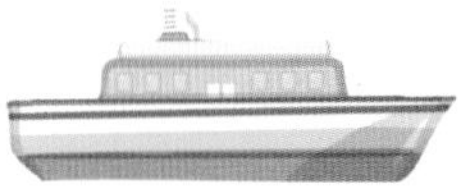

배

베

4

빼스

버스

5

기차

깃차

6

텍시

택시

7

경찰차

경잘차

8

소방차

소망차

9

구귭차

구급차

단어 스도쿠의 빈칸에 알맞은 단어를 써 보세요.

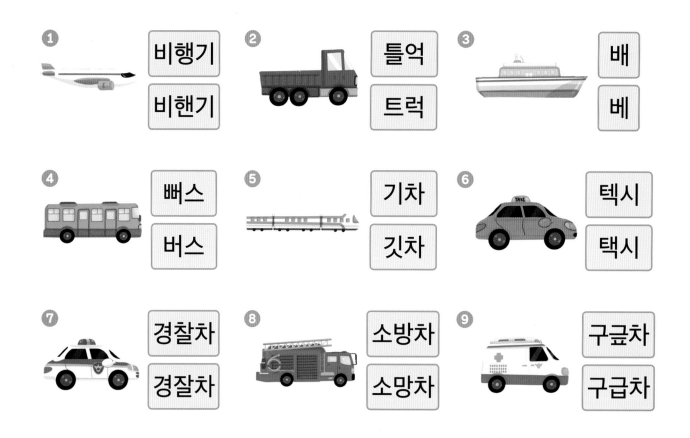

배 트럭 비행기

배		트럭
		비행기
비행기	트럭	

버스 택시 구급차

택시		구급차
버스	구급차	
		버스

09쪽 스도쿠 게임 방법을 참고하세요.

암호를 풀어 빈칸에 알맞은 단어를 쓰고 어울리는 그림과 선으로 연결해 보세요.

1 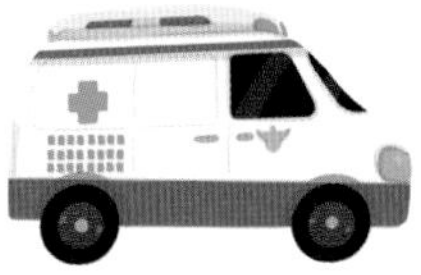

ㅣㅂ ㅎㅇㅐ ㅣㄱ

2 

ㅜㄱ ㄱㅂㅡ ㅏㅊ

3 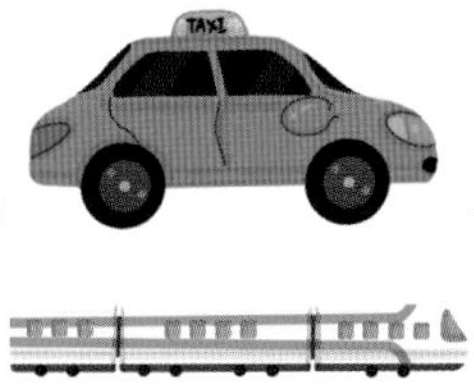

ㅗㅅ ㅂㅇㅏ ㅏㅊ

4 

ㅡㅌ ㄹㄱㅓ | ㅓㅂ ㅡㅅ

5 

ㅌㄱㅐ ㅣㅅ | ㅣㄱ ㅏㅊ

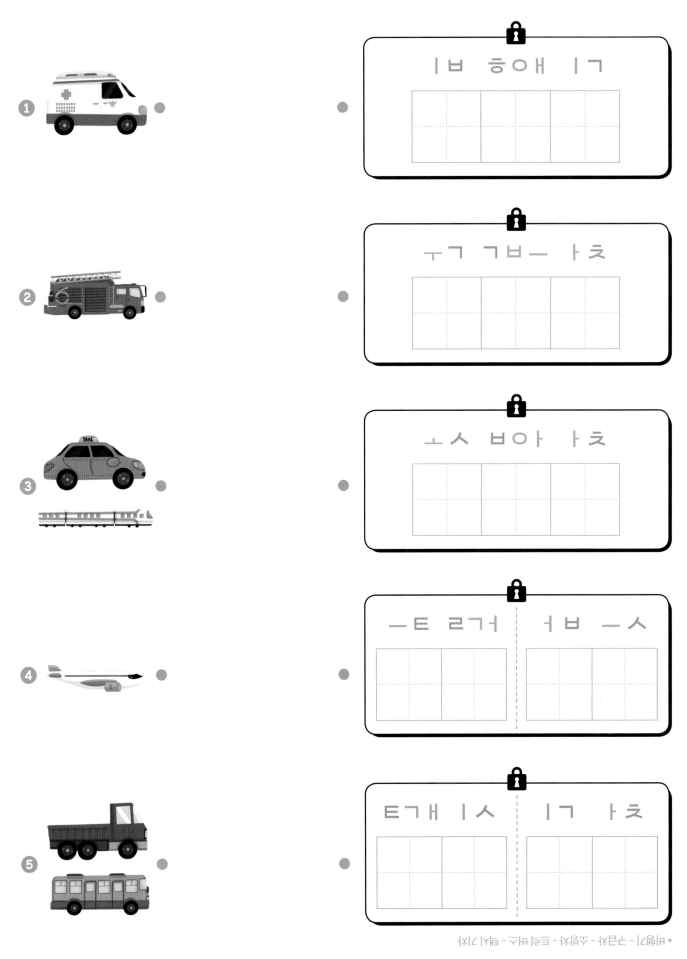

* 비행기 - 구급차 - 소방차 - 트럭 버스 - 택시 기차

가족 또는 친구와 함께 빙고 놀이를 해 보세요.

버	스	5	경	3
비	행	기	찰	택
1	소	방	차	시
4	배	급	2	8
7	구	6	트	럭

비	트	럭	버	스
1	행	3	구	택
배	7	기	급	시
4	소	방	차	6
5	8	경	찰	2

*따라 쓰기 또는 동그라미로 표시해 보세요. (4줄 빙고)

그림에 어울리는 단어를 빈칸에 적어 보세요.

1 

2 

3 

4 

5 

6 

7 

8 

9 

참! 잘했어요

확인 개 / 9개

1. 배 2. 기차 3. 버스 4. 트럭 5. 택시 6. 비행기 7. 구급차 8. 경찰차 9. 소방차

두 그림의 서로 다른 부분을 찾고, 'O' 표시를 해 보세요. 9개

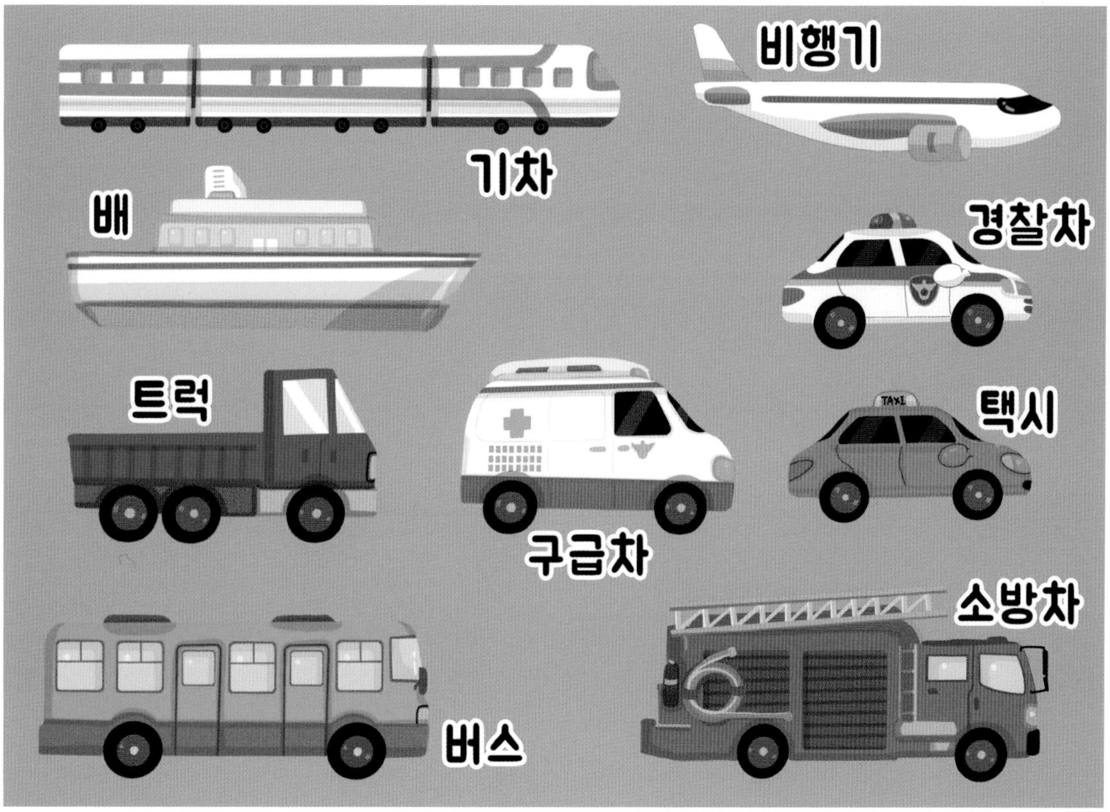

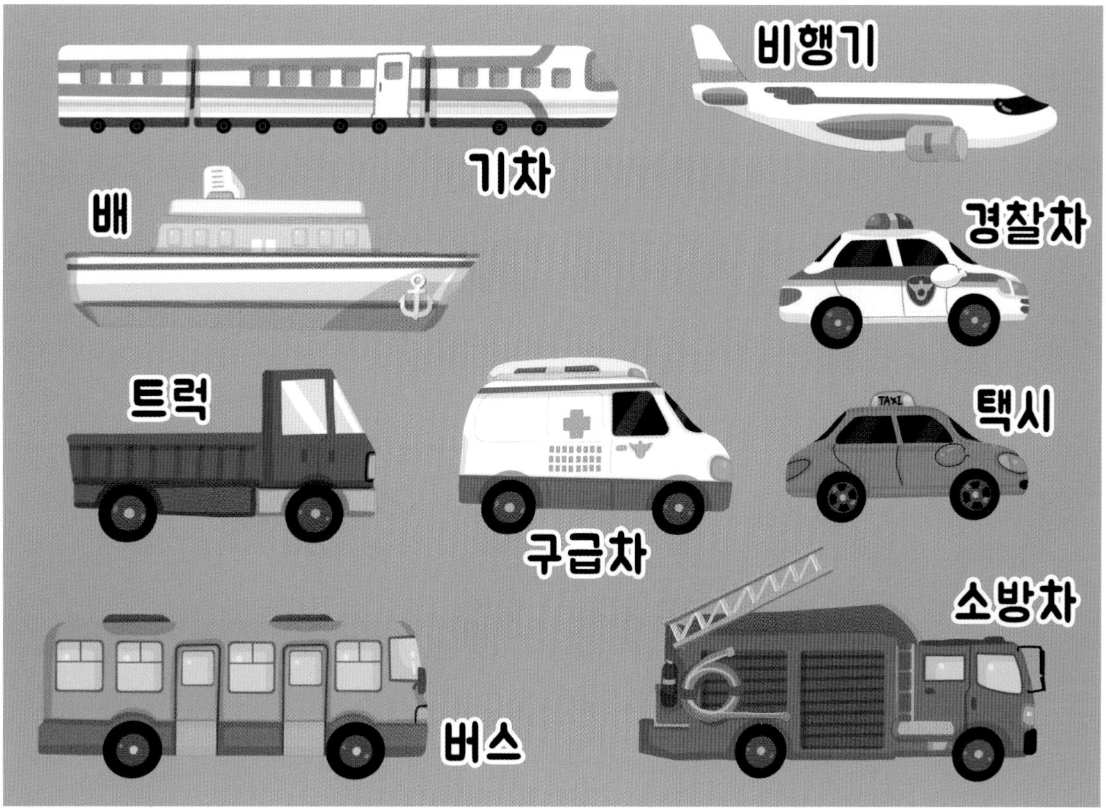

15 동물

얘들아, 안녕?
나와 함께 '동물'에 대한
단어를 알아보자.

아래의 단어들을 소리 내어 읽고 따라 써 보세요.

소

닭

돼지

토끼

사슴

오리

다람쥐

강아지

고양이

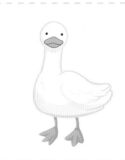

보기의 글자를 표에서 찾아 'O' 표시를 해 보세요.

거	위	돼	지	토	개
오	리	라	마	늑	끼
사	양	다	람	쥐	대
슴	고	당	뱀	노	강
백	양	나	닭	루	아
조	이	귀	염	소	지

보기

토끼

강아지

고양이

다람쥐

사슴

오리

닭

소

돼지

빈칸에 알맞은 글자를 써 보세요.

토 ☐

다람 ☐

☐

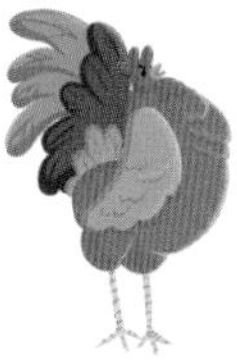
☐

고 ☐ 이

☐ 지

그림과 어울리는 단어에 'O' 표시를 해 보세요.

❶ 
고양이
고양아

❷ 
강아지
강하지

❸ 
톳끼
토끼

❹ 
오리
올이

❺ 
사씀
사슴

❻ 
다람지
다람쥐

❼ 
되지
돼지

❽ 
소
쏘

❾ 
닭
닥

단어 스도쿠의 빈칸에 알맞은 단어를 써 보세요.

토끼 강아지 고양이

	토끼	강아지
토끼		
강아지	고양이	

닭 돼지 다람쥐

돼지		다람쥐
닭		
다람쥐		닭

09쪽 스도쿠 게임 방법을 참고하세요.

암호를 풀어 빈칸에 알맞은 단어를 쓰고 어울리는 그림과 선으로 연결해 보세요.

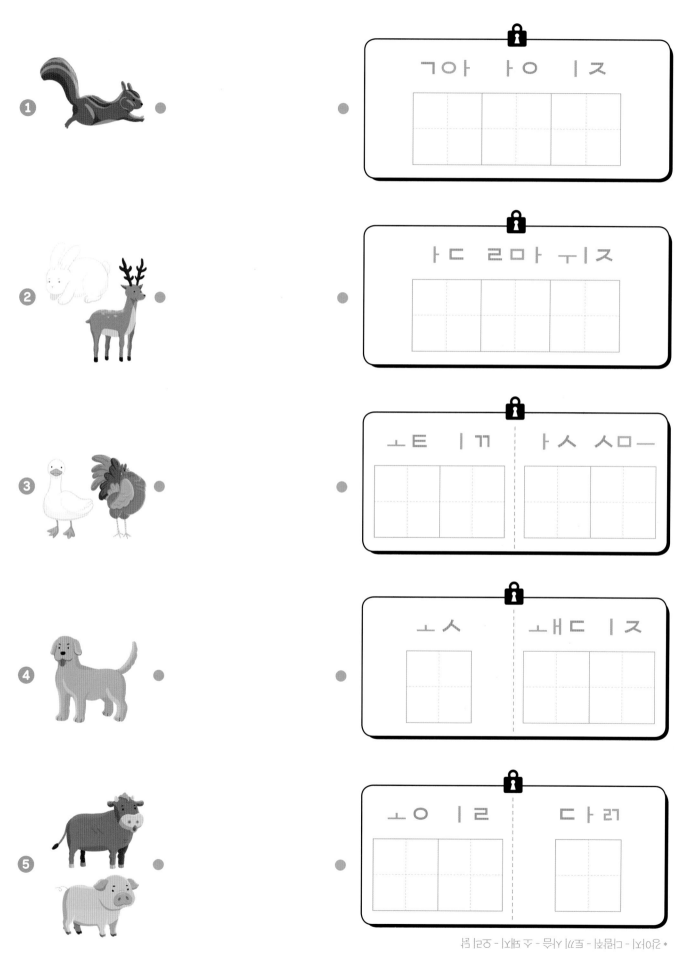

❶ 

ㄱ아 ㅏㅇ ㅣㅈ

❷ 

ㅏㄷ ㄹㅁㅏ ㅜㅣㅈ

❸ 

ㅗㅌ ㅣㄲ | ㅏㅅ ㅅㅁㅡ

❹ 

ㅗㅅ | ㅗㅐㄷ ㅣㅈ

❺ 

ㅗㅇ ㅣㄹ | ㄷㅏㄺ

* 강아지 - 다람쥐 - 토끼 사슴 - 소 돼지 - 오리 닭

가족 또는 친구와 함께 빙고 놀이를 해 보세요.

고	양	이	4	오
1	다	람	쥐	리
사	슴	2	소	6
토	끼	7	돼	닭
5	강	아	지	3

토	끼	3	고	다
1	6	돼	양	람
강	아	지	이	쥐
4	사	슴	닭	5
오	리	2	7	소

*따라 쓰기 또는 동그라미로 표시해 보세요. (4줄 빙고)

그림에 어울리는 단어를 빈칸에 적어 보세요.

1 

2 

3 

4 

5 

6 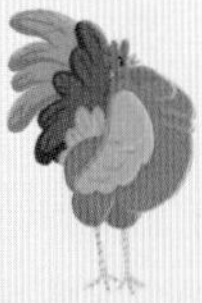

7 

8 

9 

참! 잘했어요

확인 개 / 9개

1. 소 2. 사슴 3. 오리 4. 토끼 5. 돼지 6. 닭 7. 고양이 8. 강아지 9. 다람쥐

두 그림의 서로 다른 부분을 찾고, 'O' 표시를 해 보세요.

9개

16 동물원

얘들아, 안녕?
나와 함께 '동물원'에 대한
단어를 알아보자.

아래의 단어들을 소리 내어 읽고 따라 써 보세요.

곰

펭귄

낙타

사자

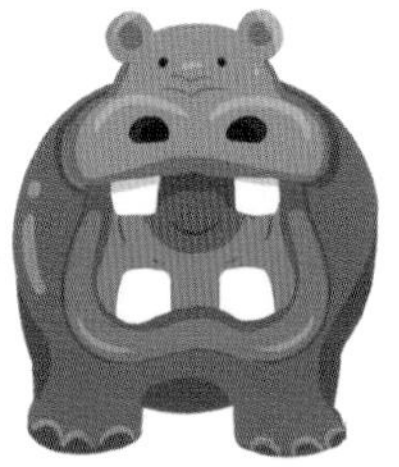

하마

기린

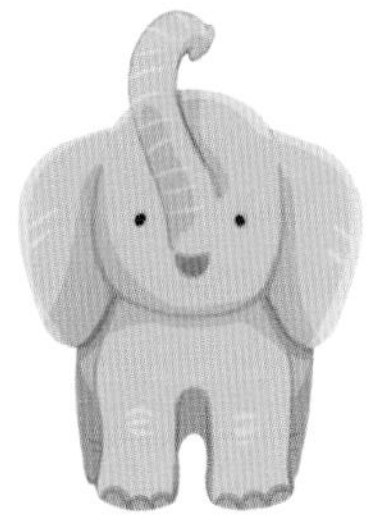

코끼리

원숭이

호랑이

보기의 글자를 표에서 찾아 'O' 표시를 해 보세요.

너	판	호	랑	이	리
기	구	다	쥐	하	마
용	린	리	펭	꿩	사
코	끼	리	귄	원	자
곰	얼	룩	말	숭	치
범	낙	타	조	이	타

빈칸에 알맞은 글자를 써 보세요.

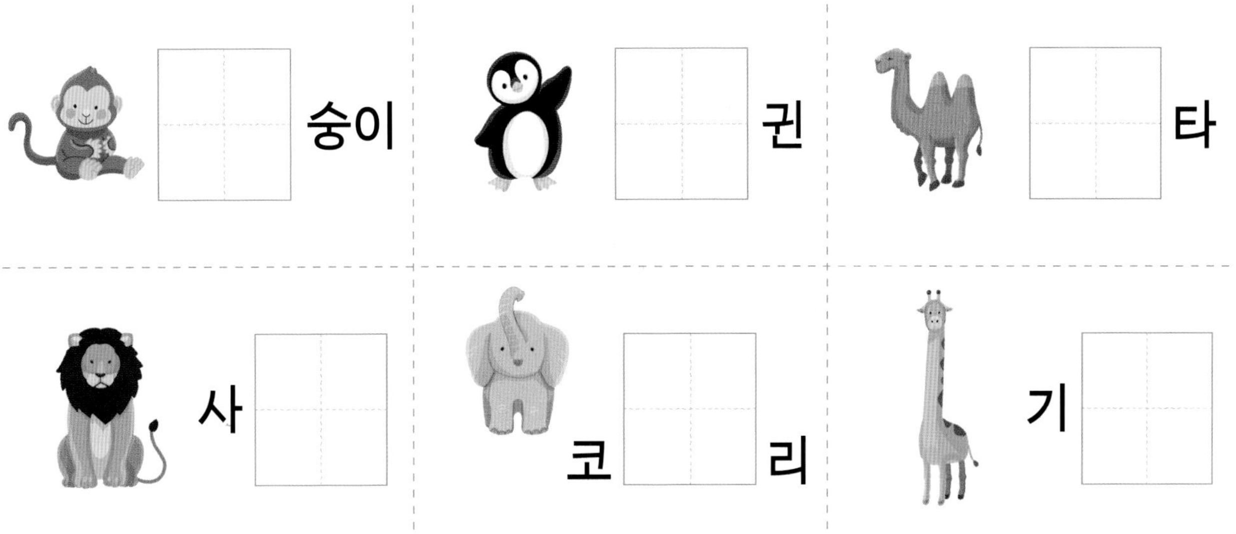

그림과 어울리는 단어에 'O' 표시를 해 보세요.

❶  길인 / 기린

❷ 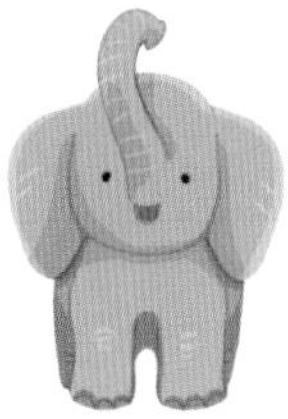 코끼리 / 콧기리

❸ 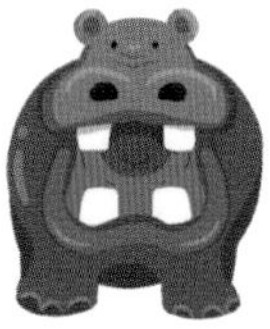 하마 / 함아

❹  원숭이 / 원숭히

❺  호랑이 / 홀앙이

❻  공 / 곰

❼  팽귄 / 펭귄

❽  낙타 / 낡다

❾  사쟈 / 사자

단어 스도쿠의 빈칸에 알맞은 단어를 써 보세요.

하마 코끼리 원숭이

	코끼리	하마
코끼리		
	원숭이	

기린 낙타 펭귄

	낙타	
펭귄	기린	
낙타		기린

09쪽 스도쿠 게임 방법을 참고하세요.

암호를 풀어 빈칸에 알맞은 단어를 쓰고 어울리는 그림과 선으로 연결해 보세요.

❶ 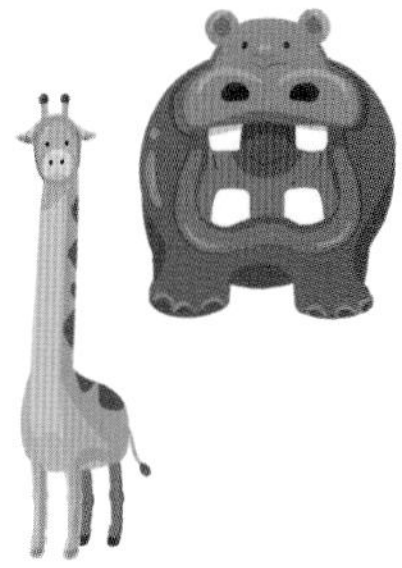

ㅇㄴㅜㅓ ㅅㅇㅜ ㅣㅇ

❷ 

ㅗㅎ ㄹㅇㅏ ㅣㅇ

❸ 

ㅏㅎ ㅏㅁ | ㅣㄱ ㄹㄴㅣ

❹ 

ㄴㄱㅏ ㅏㅌ | ㅏㅅ ㅏㅈ

❺ 

ㄱㅁㅗ | ㅗㅋ ㅣㄲ ㅣㄹ

* 원숭이 - 호랑이 - 하마 기린 - 낙타 사자 - 곰 코끼리

가족 또는 친구와 함께 빙고 놀이를 해 보세요.

2	코	끼	리	5
하	마	기	린	1
4	곰	낙	타	호
사	3	펭	귄	랑
자	6	원	숭	이

하	마	코	끼	리
1	사	6	호	4
기	자	2	랑	낙
린	원	숭	이	타
곰	3	펭	귄	5

*따라 쓰기 또는 동그라미로 표시해 보세요. (4줄 빙고)

그림에 어울리는 단어를 빈칸에 적어 보세요.

1 

2 

3 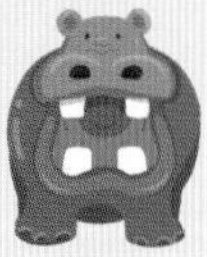

4 

5 

6 

7 

8 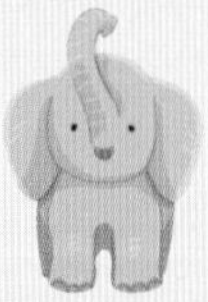

9 

참! 잘했어요

확인 개 / 9개

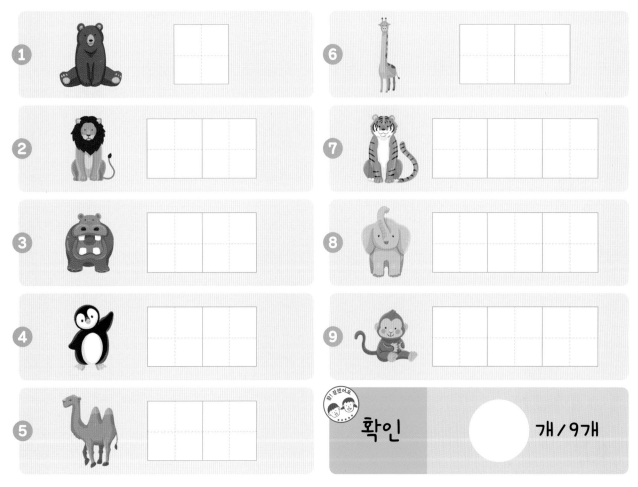

1. 곰 2. 사자 3. 하마 4. 펭귄 5. 낙타 6. 기린 7. 호랑이 8. 코끼리 9. 원숭이

두 그림의 서로 다른 부분을 찾고, 'O' 표시를 해 보세요. 9개

17 곤충

얘들아, 안녕?
나와 함께 '곤충'에 대한
단어를 알아보자.

아래의 단어들을 소리 내어 읽고 따라 써 보세요.

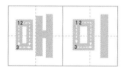

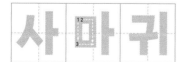

개미

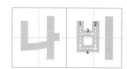

나비

꿀벌

매미

잠자리

메뚜기

사마귀

무당벌레

사슴벌레

보기의 글자를 표에서 찾아 'O' 표시를 해 보세요.

개	울	꿀	벌	집	사
꽃	미	나	방	나	슴
무	당	벌	레	비	벌
잠	잎	메	뚜	기	레
자	사	마	귀	뚜	고
리	풍	뎅	이	매	미

보기

 개미  나비  메뚜기  무당벌레  잠자리

 꿀벌 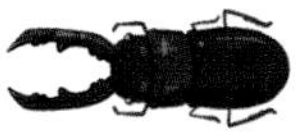 사슴벌레  사마귀  매미

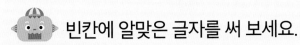

빈칸에 알맞은 글자를 써 보세요.

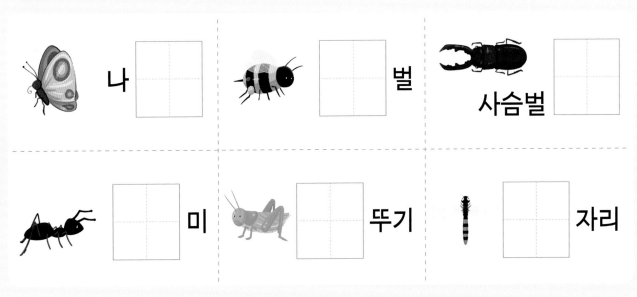

 나 ☐

 ☐ 벌

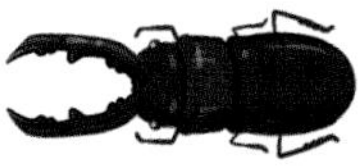 사슴벌 ☐

 ☐ 미

 ☐ 뚜기

 ☐ 자리

그림과 어울리는 단어에 'O' 표시를 해 보세요.

1 
개미
갬이

2 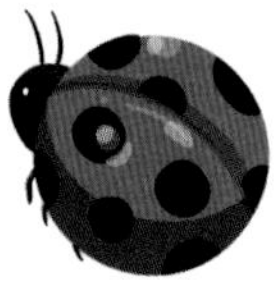
무당벌레
무당벌래

3 
사슴벌래
사슴벌레

4 
나비
나방

5 
잠짜리
잠자리

6 
사마귀
사마기

7 
매뚜기
메뚜기

8 
꿀벌
굴벌

9 
메미
매미

단어 스도쿠의 빈칸에 알맞은 단어를 써 보세요.

개미 벌레 메뚜기

개미		
메뚜기		개미
벌레		메뚜기

매미 꿀벌 사마귀

	꿀벌	매미
		사마귀
	사마귀	꿀벌

09쪽 스도쿠 게임 방법을 참고하세요.

암호를 풀어 빈칸에 알맞은 단어를 쓰고 어울리는 그림과 선으로 연결해 보세요.

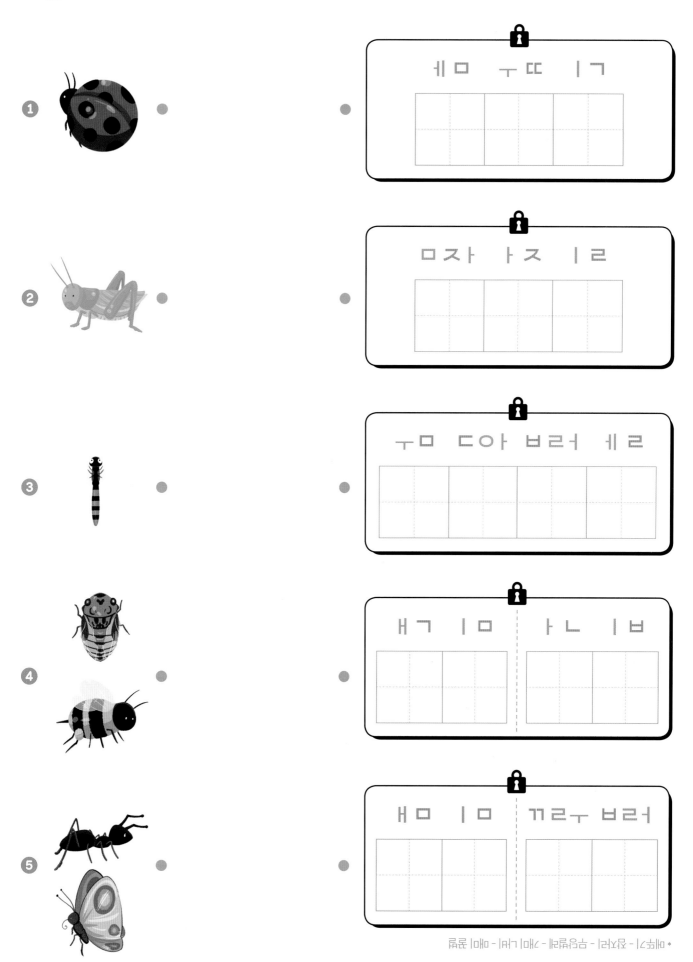

1 

ㅔㅁ ㅜㄸ ㅣㄱ

2 

ㅁ자 ㅏㅈ ㅣㄹ

3 

ㅜㅁ ㄷㅇㅏ ㅂㄹㅓ ㅔㄹ

4 

ㅐㄱ ㅣㅁ | ㅏㄴ ㅣㅂ

5 

ㅐㅁ ㅣㅁ | ㄲㄹㅜ ㅂㄹㅓ

* 메뚜기 - 잠자리 - 무당벌레 - 개미 나비 - 매미 꿀벌

가족 또는 친구와 함께 빙고 놀이를 해 보세요.

매	나	비	1	5
개	미	꿀	4	슴
사	무	당	벌	레
마	3	메	뚜	기
귀	잠	자	리	2

3	잠	자	리	2
메	뚜	기	나	비
5	개	미	매	가
무	당	벌	레	마
1	꿀	4	슴	사

*따라 쓰기 또는 동그라미로 표시해 보세요. (4줄 빙고)

그림에 어울리는 단어를 빈칸에 적어 보세요.

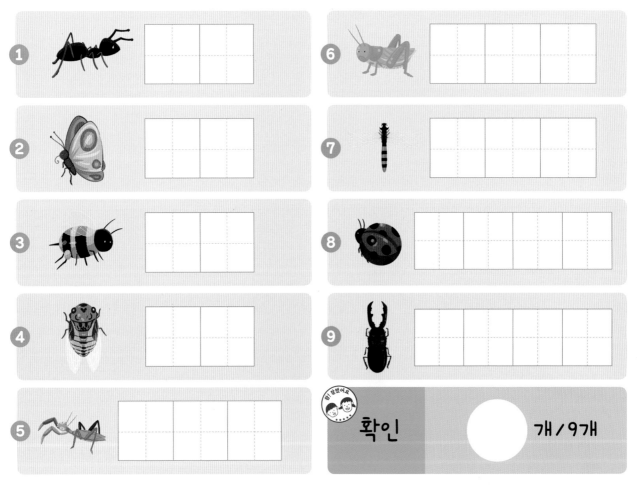

1 

2 

3 

4 

5 

6 

7 

8 

9 

확인 개 / 9개

1. 개미 2. 나비 3. 꿀벌 4. 매미 5. 사마귀 6. 메뚜기 7. 잠자리 8. 무당벌레 9. 사슴벌레

두 그림의 서로 다른 부분을 찾고, 'O' 표시를 해 보세요.

9개

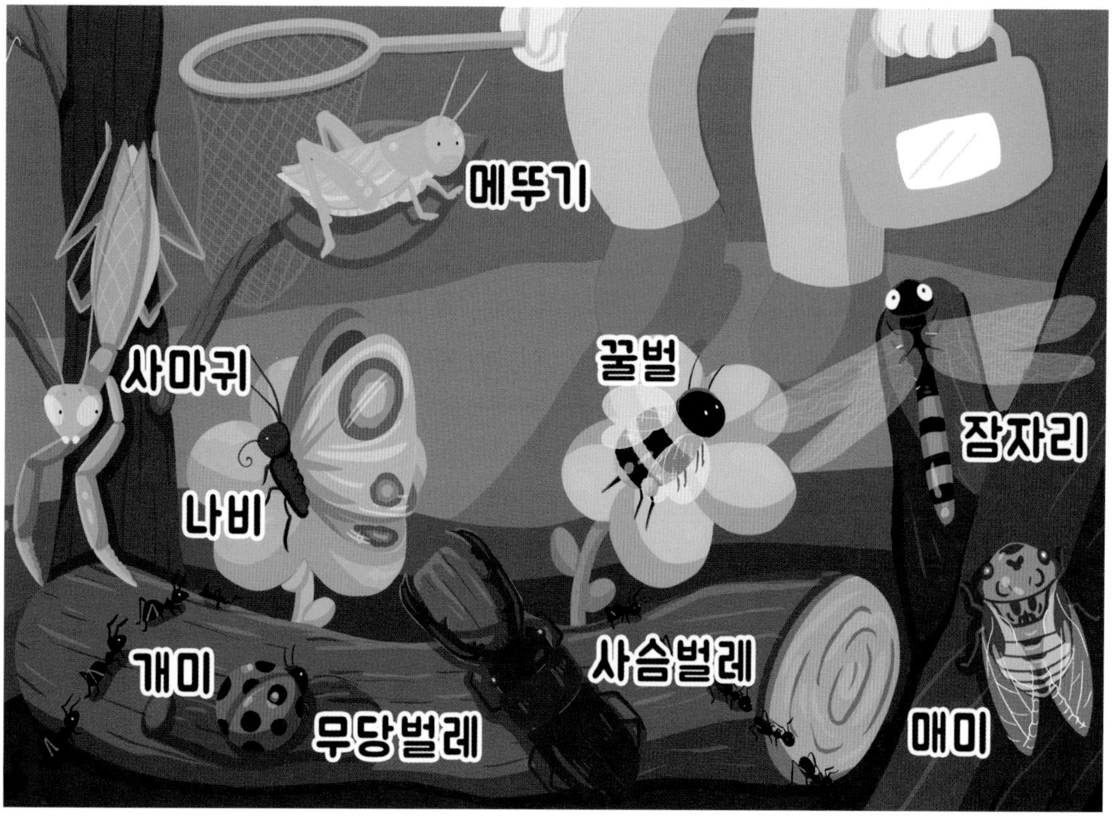

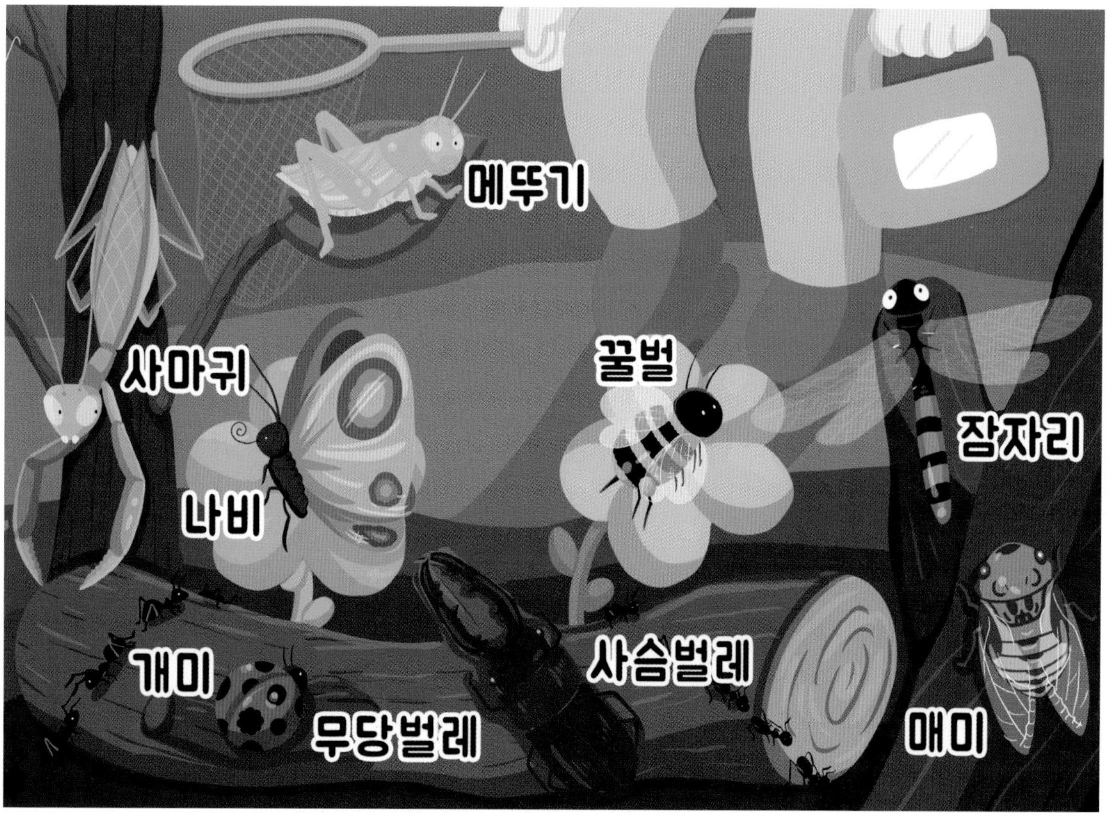

18 바다생물

얘들아, 안녕?
나와 함께 '바다 생물'에 대한
단어를 알아보자.

아래의 단어들을 소리 내어 읽고 따라 써 보세요.

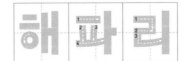

고래

거북

새우

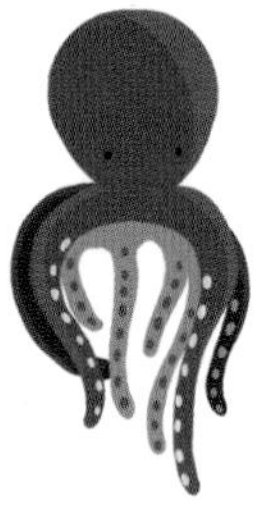

문어

상어

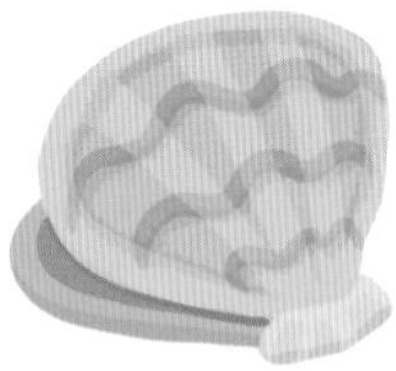

조개

오징어

해파리

불가사리

보기의 글자를 표에서 찾아 'O' 표시를 해 보세요.

성	해	파	리	굴	새
거	개	복	치	상	우
북	물	고	기	복	어
메	기	문	래	조	돔
오	징	어	멸	치	개
개	불	가	사	리	어

보기

 새우  거북  해파리  고래  문어

 오징어  불가사리  상어 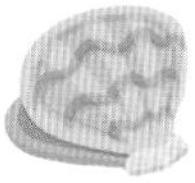 조개

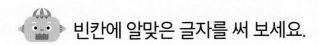

빈칸에 알맞은 글자를 써 보세요.

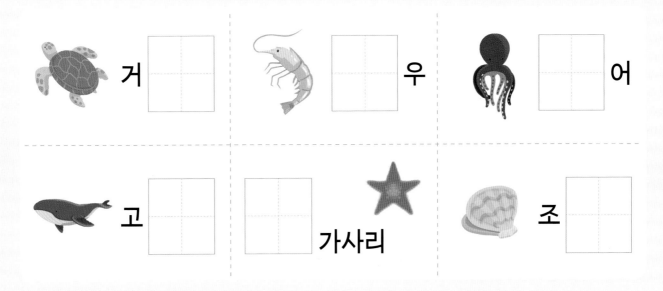

 거 □

 □ 우

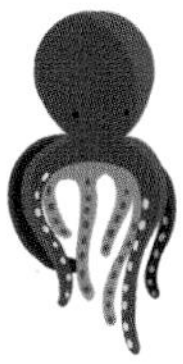 □ 어

 고 □

 □ 가사리

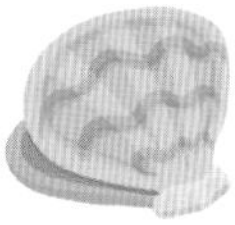 조 □

그림과 어울리는 단어에 'O' 표시를 해 보세요.

❶ 
새우
세우

❷ 
거복
거북

❸ 
고레
고래

❹ 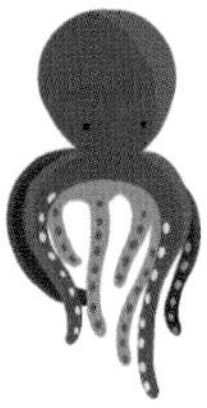
문허
문어

❺ 
오징어
오징오

❻ 
조게
조개

❼ 
불가새리
불가사리

❽ 
해파리
해팔이

❾ 
상어
상오

단어 스도쿠의 빈칸에 알맞은 단어를 써 보세요.

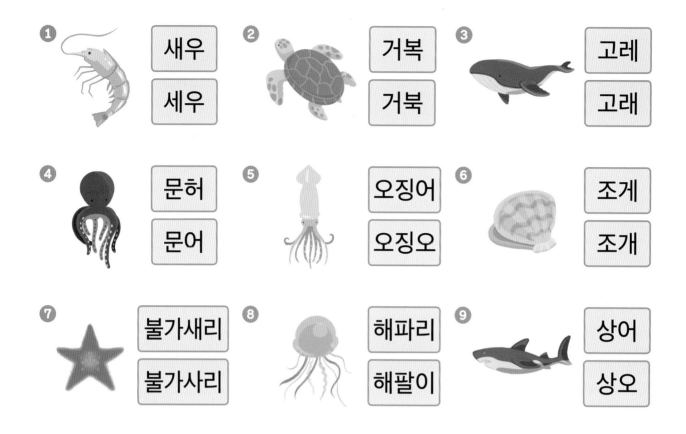

문어 고래 새우

고래		
새우		고래
문어		새우

거북 조개 해파리

조개	해파리	
	거북	
거북		해파리

09쪽 스도쿠 게임 방법을 참고하세요.

암호를 풀어 빈칸에 알맞은 단어를 쓰고 어울리는 그림과 선으로 연결해 보세요.

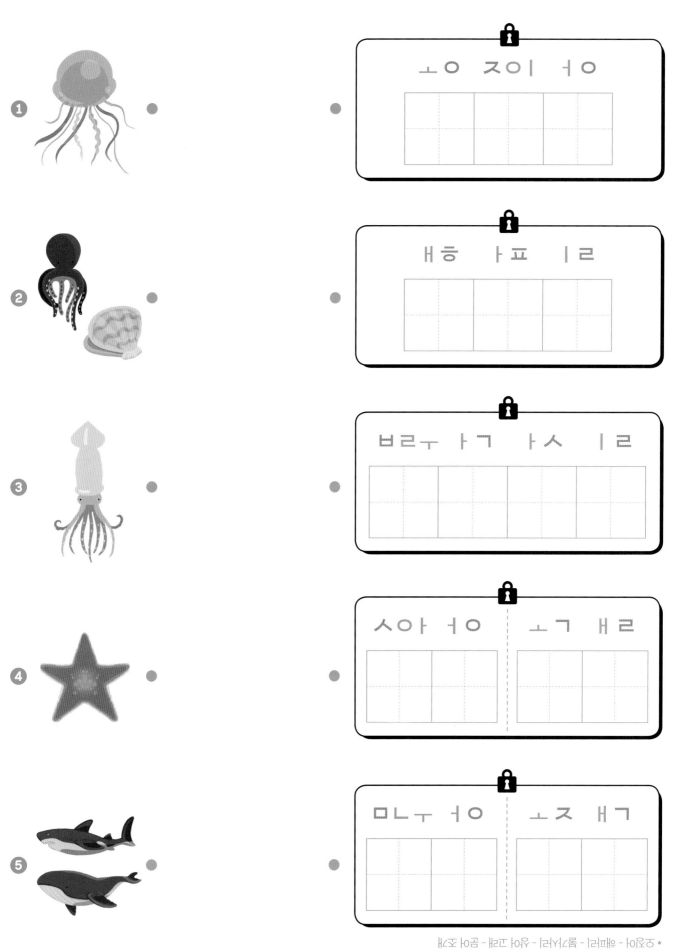

1 

2 

3 

4 

5 

ㅗㅇ ㅈㅇㅣ ㅓㅇ

ㅐㅎ ㅏㅍ ㅣㄹ

ㅂㄹㅜ ㅏㄱ ㅏㅅ ㅣㄹ

ㅅㅇㅏ ㅓㅇ | ㅗㄱ ㅐㄹ

ㅁㄴㅜ ㅓㅇ | ㅗㅈ ㅐㄱ

* 오징어 - 해파리 - 불가사리 - 상어 고래 - 문어 조개

가족 또는 친구와 함께 빙고 놀이를 해 보세요.

1	4	새	고	래
거	북	우	6	3
5	2	문	상	해
조	오	징	어	파
개	불	가	사	리

1	거	북	조	개
고	래	6	새	우
3	상	2	4	오
5	해	파	문	징
불	가	사	리	어

*따라 쓰기 또는 동그라미로 표시해 보세요. (4줄 빙고)

그림에 어울리는 단어를 빈칸에 적어 보세요.

1 

2 

3 

4 

5 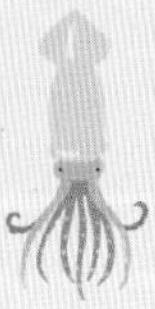

6 

7 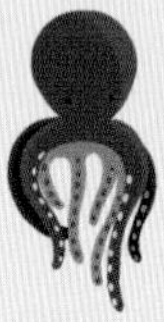

8 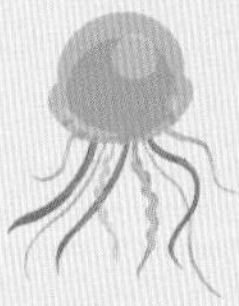

9 

참! 잘했어요

확인 개 / 9개

1. 새우 2. 고래 3. 조개 4. 상어 5. 오징어 6. 거북 7. 문어 8. 해파리 9. 불가사리

두 그림의 서로 다른 부분을 찾고, 'O' 표시를 해 보세요. 9개

19 새

애들아, 안녕?
나와 함께 '새'에 대한
단어를 알아보자.

아래의 단어들을 소리 내어 읽고 따라 써 보세요.

공작

참새

타조

독수리

부엉이

까마귀

앵무새

비둘기

갈매기

보기의 글자를 표에서 찾아 'O' 표시를 해 보세요.

까	부	엉	이	독	꿩
타	치	까	거	수	공
갈	조	마	위	리	작
매	백	귀	참	새	매
기	조	류	비	둘	기
앵	무	새	꾀	꼬	리

보기

독수리

부엉이

타조

공작

참새

까마귀

앵무새

비둘기

갈매기

빈칸에 알맞은 글자를 써 보세요.

타 ☐

참 ☐

공 ☐

☐ 무새

갈 ☐ 기

까마 ☐

그림과 어울리는 단어에 'O' 표시를 해 보세요.

1. 
   - 타주
   - 타조

2. 
   - 부엉이
   - 부엉미

3. 
   - 독소리
   - 독수리

4. 
   - 공작
   - 곰작

5. 
   - 참세
   - 참새

6. 
   - 까마귀
   - 까막이

7. 
   - 엥무새
   - 앵무새

8. 
   - 비둘기
   - 비둘이

9. 
   - 갈매기
   - 갈메기

단어 스도쿠의 빈칸에 알맞은 단어를 써 보세요.

타조 독수리 앵무새

독수리		타조
		독수리
타조		앵무새

참새 갈매기 까마귀

까마귀		
	까마귀	참새
참새	갈매기	

09쪽 스도쿠 게임 방법을 참고하세요.

암호를 풀어 빈칸에 알맞은 단어를 쓰고 어울리는 그림과 선으로 연결해 보세요.

1 

ㄱㄷㅗ ㅜㅅ ㅣㄹ

2 

ㅇㅇㅐ ㅜㅁ ㅅㅐ

3 

ㅣㅂ ㄷㄹㅜ ㅣㄱ

4 

ㅏㄲ ㅏㅁ ㅜㅣㄱ

5 

ㅇㄱㅗ ㄱㅈㅏ | ㅊㅁㅏ ㅐㅅ

* 독수리 - 앵무새 - 비둘기 - 까마귀 - 공작 참새

가족 또는 친구와 함께 빙고 놀이를 해 보세요.

까	마	비	공	앵
3	귀	둘	작	무
갈	매	기	참	새
독	수	리	타	조
1	부	엉	이	2

독	수	리	참	새
1	부	웅	이	3
타	조	까	마	가
2	공	작	갈	매
앵	무	비	둘	기

*따라 쓰기 또는 동그라미로 표시해 보세요. (4줄 빙고)

그림에 어울리는 단어를 빈칸에 적어 보세요.

1 

2 

3 

4 

5 

6 

7 

8 

9 

참 잘했어요

확인 개 / 9개

1. 타조 2. 참새 3. 공작 4. 갈매기 5. 앵무새 6. 부엉이 7. 비둘기 8. 독수리 9. 까마귀

두 그림의 서로 다른 부분을 찾고, 'O' 표시를 해 보세요. 9개

20 자연

아래의 단어들을 소리 내어 읽고 따라 써 보세요.

봄

여름

가을

겨울

바다

하늘

바람

구름

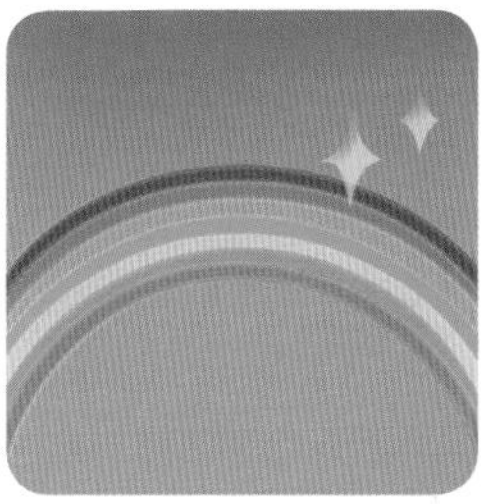

무지개

보기의 글자를 표에서 찾아 'O' 표시를 해 보세요.

지	숲	천	둥	바	람
구	여	름	장	마	무
하	해	달	별	봄	지
늘	산	구	바	비	개
우	가	름	다	겨	울
주	을	번	개	태	양

보기

봄

여름

가을

겨울

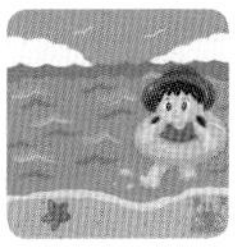
바다

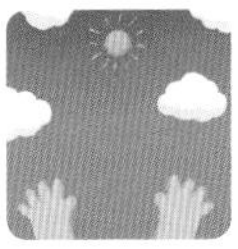
하늘

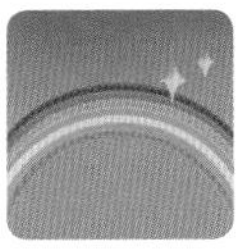
무지개

구름

바람

빈칸에 알맞은 글자를 써 보세요.

구 ☐

하 ☐

☐

바 ☐

가 ☐

겨 ☐

그림과 어울리는 단어에 'O' 표시를 해 보세요.

1 

무지개

무지게

2 

굴음

구름

3 

바람

바랑

4 

하늘

한을

5 

바다

받아

6 

겨율

겨울

7 

봉

봄

8 

열음

여름

9 

가을

가울

단어 스도쿠의 빈칸에 알맞은 단어를 써 보세요.

봄 여름 가을

봄		
가을	봄	여름
	가을	

하늘 바람 구름

구름	하늘	
	바람	구름
바람		

09쪽 스도쿠 게임 방법을 참고하세요.

암호를 풀어 빈칸에 알맞은 단어를 쓰고 어울리는 그림과 선으로 연결해 보세요.

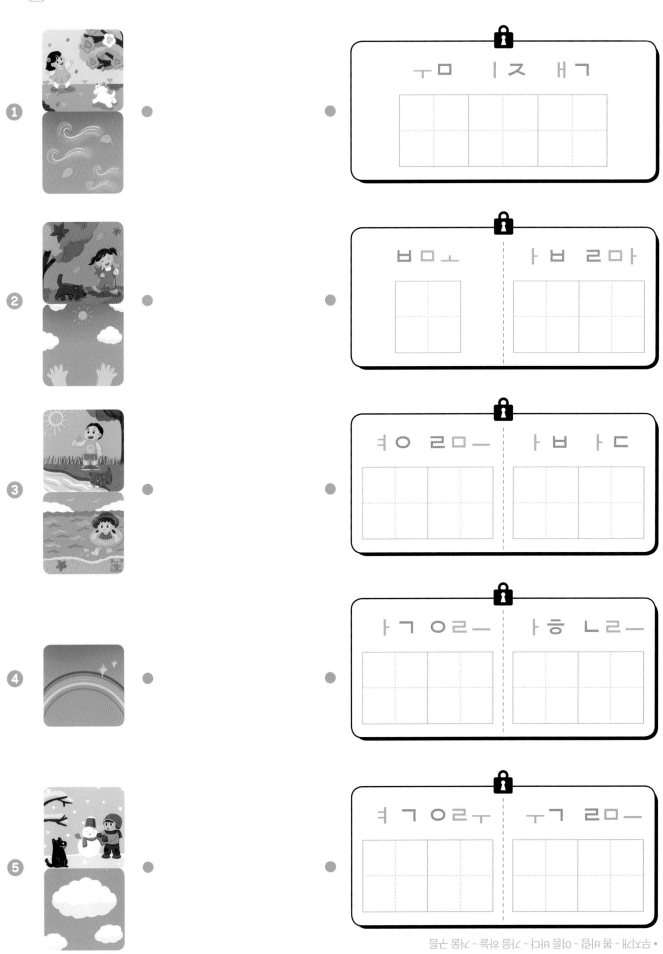

1 

ㅜㅁ ㅣㅈ ㅐㄱ

2 

ㅂㅁㅗ | ㅏㅂ ㄹㅁㅏ

3 

ㅕㅇ ㄹㅁㅡ | ㅏㅂ ㅏㄷ

4 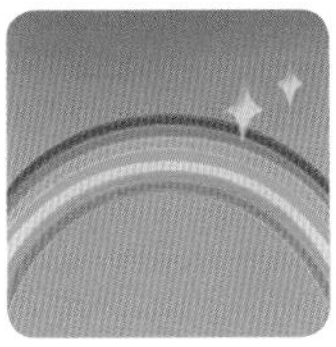

ㅏㄱ ㅇㄹㅡ | ㅏㅎ ㄴㄹㅡ

5 

ㅕㄱ ㅇㄹㅜ | ㅜㄱ ㄹㅁㅡ

* 무지개 - 봄 바람 - 여름 바다 - 가을 하늘 - 겨울 구름

가족 또는 친구와 함께 빙고 놀이를 해 보세요.

무	지	개	구	4
봄	3	여	름	8
1	가	을	7	9
바	람	5	겨	울
다	2	하	늘	6

1	4	봄	9	3
6	구	7	가	을
여	름	무	지	개
바	다	2	겨	울
람	하	늘	5	8

* 따라 쓰기 또는 동그라미로 표시해 보세요. (4줄 빙고)

그림에 어울리는 단어를 빈칸에 적어 보세요.

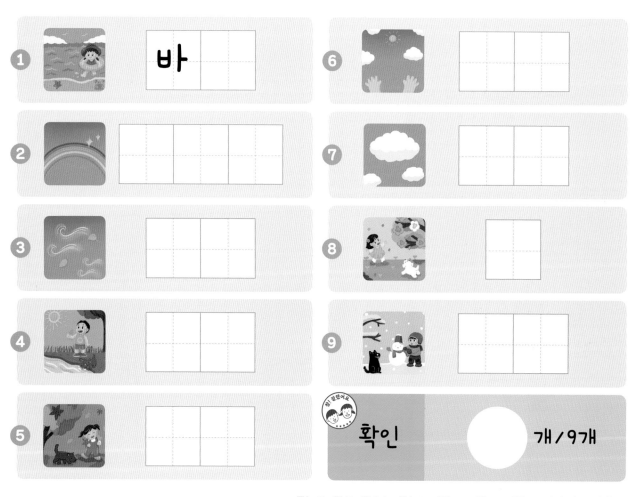

1  바 □

2 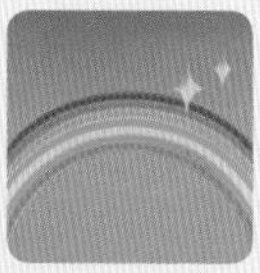 □□□

3 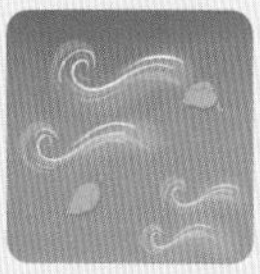 □□

4  □□

5  □□

6  □□

7  □□

8  □

9  □□

참! 잘했어요

확인 ○ 개 / 9개

1. 바다 2. 무지개 3. 바람 4. 여름 5. 가을 6. 하늘 7. 구름 8. 봄 9. 겨울

두 그림의 서로 다른 부분을 찾고, 'O' 표시를 해 보세요.

9개

다른 그림 찾기

정답

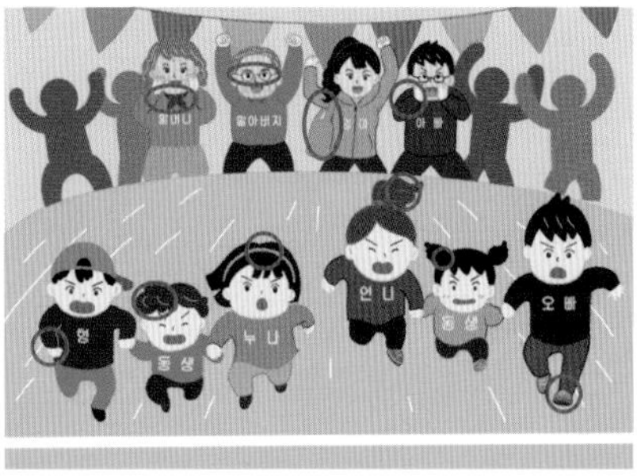

17쪽

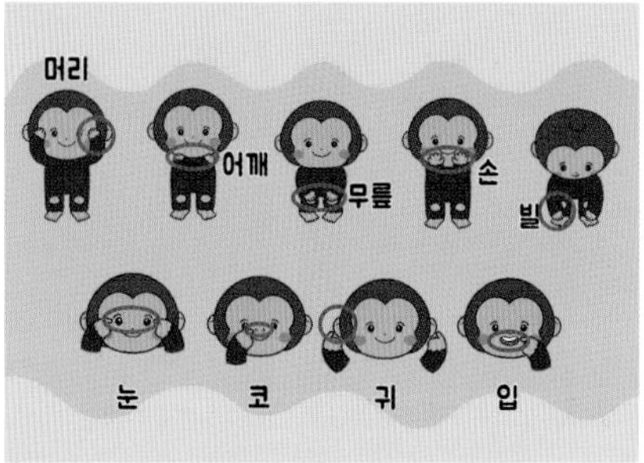

23쪽

29쪽

35쪽

41쪽

47쪽

53쪽

59쪽

65쪽

71쪽

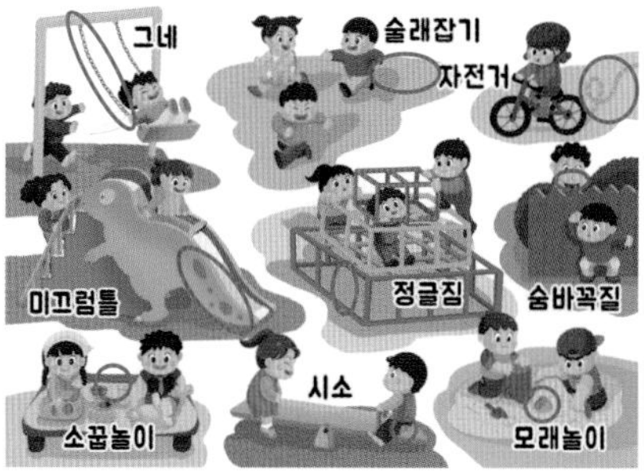

79쪽

85쪽

91쪽

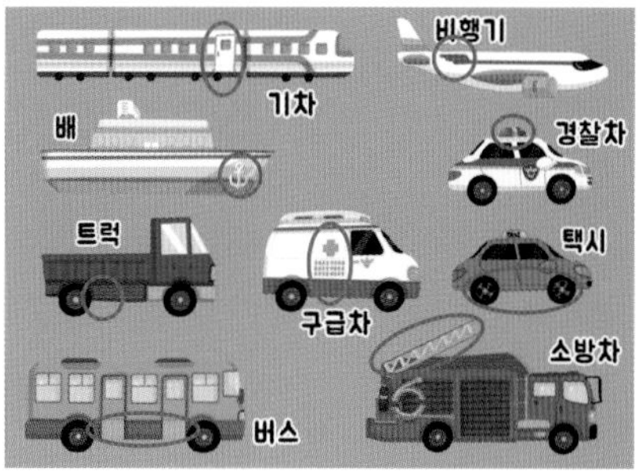

97쪽

103쪽

109쪽

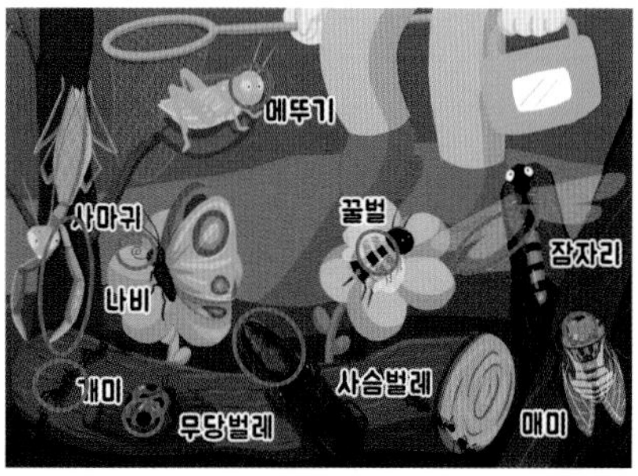

115쪽

121쪽

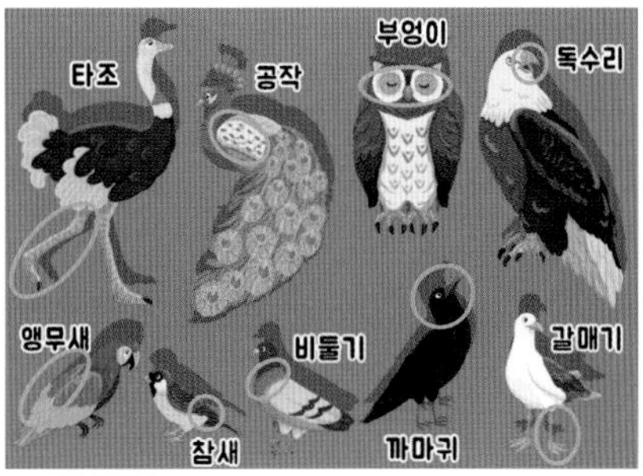

127쪽

133쪽